普通高等教育专业课程系列教材

RFID 技术与应用

RFID TECHNOLOGY AND APPLICATION

王利强　张桂英　杨　旭
高凤友　张　巍　王林年　编著

天津大学出版社
TIANJIN UNIVERSITY PRESS

内容提要

本书从应用的角度讲述了射频识别（RFID）技术的基本理论和基础知识，全书内容分为理论和实验两部分。理论部分主要包括RFID系统结构、工作流程、工作模式、ISO/IEC RFID标准体系，RFID天线技术，RFID电子标签，读写器，RFID安全，防碰撞算法；还介绍了两个应用案例——基于RFID的内河船舶实时监控系统和图书馆管理系统。实验部分包括低频、高频、超高频RFID系统实验及主动式RFID系统实验。本书语言简练、通俗易懂，内容由浅入深，注重理论与实际应用相结合。

本书可作为应用技术型大学和职业技术学院应用电子技术、计算机、物联网工程和自动化相关专业的教材使用，也可供射频识别及物联网应用设计的工程技术人员参考。

图书在版编目(CIP)数据

RFID技术与应用 / 王利强等编著. — 天津 : 天津大学出版社, 2019.1(2019.10重印)
普通高等教育专业课程系列教材
ISBN 978-7-5618-6312-1

Ⅰ. ①R… Ⅱ. ①王… Ⅲ. ①无线电信号－射频－信号识别－高等学校－教材 Ⅳ. ①TN911.23

中国版本图书馆CIP数据核字(2018)第284117号

RFID JISHU YU YINGYONG

出版发行　天津大学出版社
地　　址　天津市卫津路92号天津大学内(邮编:300072)
电　　话　发行部:022-27403647
网　　址　publish.tju.edu.cn
印　　刷　廊坊市海涛印刷有限公司
经　　销　全国各地新华书店
开　　本　185mm×260mm
印　　张　10
字　　数　250千
版　　次　2019年1月第1版
印　　次　2019年10月第2次
定　　价　36.00元

前言

射频识别（Radio Frequency Identification，RFID）技术是一种非接触式的自动识别技术，它通过射频信号自动识别目标对象，可快速地进行目标追踪和数据交换。与条码识别、磁卡识别和IC卡识别等技术相比，射频识别技术以特有的无接触、抗干扰能力强、可同时识别多个目标等优点，逐渐成为自动识别领域中最优秀和应用最广泛的技术之一，是物联网技术中的核心和关键技术。

自2004年起，全球范围内掀起了一股发展和应用无线射频识别技术的热潮，包括沃尔玛、宝洁、波音公司在内的商业巨头们无不积极推动RFID技术在制造、物流、零售、交通等行业的应用。RFID技术及其应用正处于迅速上升的时期，被业界公认为是本世纪最具潜力的技术之一，它的发展和应用推广将是自动识别行业的一场技术革命。

开设RFID课程的专业包括应用电子技术、计算机、物联网工程和自动化等信息技术类专业。本书根据这些专业的发展方向和教学需要，结合射频识别技术的最新发展及其应用现状编写而成。全书包括理论部分和实验部分两篇，共11章。

第1章至第7章为理论部分。第1章介绍了RFID系统结构、工作模式、发展历程及应用现状；第2章介绍了RFID天线技术及设计；第3、4章分别介绍了RFID电子标签和读写器的组成、功能及设计；第5章介绍了与射频识别相关的安全和隐私问题及解决办法；第6章介绍了多个电子标签和读写器同时出现时的碰撞问题及防碰撞算法，射频识别技术因此可同时辨识多个RFID标签；第7章介绍了基于RFID的内河船舶实时监控系统和图书馆管理系统两个应用案例。第8章至第11章为实验篇。第8、9、10章分别为低频、高频、超高频RFID系统实验，第11章为主动式RFID系统实验。

第一篇理论部分在介绍射频识别原理的基础上，注重理论与实践的有机结合，以帮助初学者建立RFID系统及系统设计的整体概念。为了便于读者对射频识别技术的理解和自学，书中给出了与重点知识相关的习题和应用案例。第二篇实验部分提供了RFID综合实验系统实验讲义，各频段共11个实验项目，方便广大师生选用。读者通过对本书的学习，可以了解射频识别技术及应用的一般知识，掌握设计一个射频识别应用系统的初步能力。

以下老师参与了本书的编写。王利强参与编写第1、2、6章，张桂英参与编写第1、3、4章，高凤友参与编写第2、5、6章，杨旭参与编写第3、4、5章，张巍参与编写第6~11章，王林年参与编写第7~11章。全书由王林年统稿。

本书在编写过程中，得到了北京瀚恒星火科技有限公司董事长暨北京师范大学信息交叉与智能计算研究院副院长李朱峰先生和天津大学出版社有关人员的大力支持和帮助，在此表示感谢！此外，本书在编写过程中，参考了众多的书籍和网络资料，在此对书籍和资料的作者一并表示感谢！

由于编者水平有限，书中难免有疏漏之处，敬请读者批评指正。

编者

2019年1月

目录

第一篇　理论部分

第一篇　理论部分

第 1 章 绪论

1.1 RFID 的概念

射频识别(Radio Frequency Identification，RFID)技术是无线电广播技术和雷达技术的结合,又称为电子标签技术。无线电广播技术是一种使用无线电波发射、传播和接收语音、图像、数字、符号的技术;雷达技术是一种基于无线电波的反射理论的技术,雷达发射电磁波对目标进行照射并接收其回波,由此获得目标至电磁波发射点的距离、距离变化率(径向速度)、方位及高度等信息。

RFID 技术通过无线射频信号实现非接触方式下的双向通信,完成对目标对象的自动识别和数据的读写操作,是物流过程中实施货品跟踪的一种很有效的技术。

1.2 RFID 系统结构

典型的 RFID 系统主要由读写器、电子标签及应用系统软件组成,如图 1-1 所示。

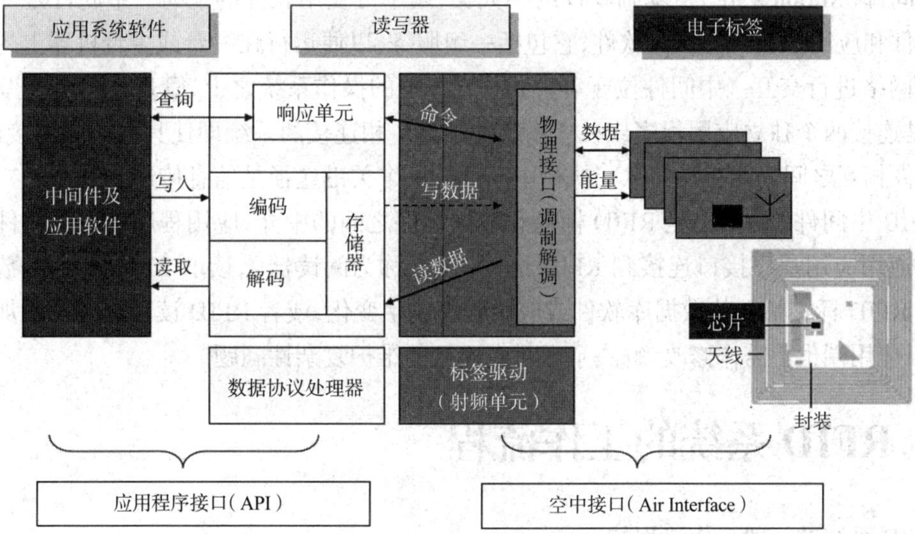

图 1-1 RFID 系统结构

1.2.1 读写器

读写器主要负责与电子标签的双向通信,同时接收来自主机系统的控制指令。读写器的频率决定了 RFID 系统工作的频段,其功率决定了射频识别的有效距离。根据结构和技术的不同,读写器可以是读或读写装置,它是 RFID 系统信息控制和处理中心。

1.2.2 电子标签

电子标签(Electronic Tag)也称为智能标签(Smart Tag),是由 IC 芯片和无线通信天线组成的超微型的小标签,其内置的射频天线用于和读写器进行通信。电子标签是 RFID 系统中真正的数据载体。系统工作时读写器发出查询信号,若为无源标签,接收到的查询信号的一部分能量被整流为直流电能,供标签内的电路工作;另一部分能量则被电子标签内保存的数据信息调制后反射回读写器。

1.2.3 应用系统软件

应用系统软件包括中间件和应用软件。应用软件的主要作用是对阅读器上报的标签数据进行管理,针对应用需要,发送指令给阅读器以实现对标签的操作。在通信过程中,必须保证整体射频系统的通畅,正确、迅速地采集数据,确保数据读取内容的可靠性,以及有效地将数据传送到后端系统。传统的数据采集系统中数据采集与后端应用程序之间的数据分发通过中间件架构解决,并发展出各种应用服务器软件。

中间件(Middleware)是基础软件的一大类,属于可复用软件的范畴。中间件是一类连接软件组件和应用程序的计算机软件,它包括一组服务,以便运行在一台或多台机器上的多个软件通过网络进行交互。中间件位于客户机 / 服务器的操作系统之上,管理计算机资源和网络通信,是连接两个独立应用程序或独立系统的软件。相连接的系统即使具有不同的接口,但通过中间件相互之间仍能交换信息。执行中间件的一个关键途径是信息传递。

RFID 中间件(图 1-2)是 RFID 标签和应用程序之间的中介,应用程序使用中间件所提供的一组通用应用程序接口连接到 RFID 读写器(又称为阅读器),读取 RFID 标签的数据。即使存储 RFID 标签情报的数据库软件或应用程序发生变化,或者 RFID 读写器种类增加或发生变化等,应用端也不需作修改,解决了多对多连接的维护复杂性问题。

1.3 RFID 系统的工作流程

RFID 系统的一般工作流程如下。

(1)RFID 读写器将无线电载波信号经过发射天线向外发射。

(2)当 RFID 电子标签进入发射天线的工作区域时,电子标签被激活,将自身信息的代码经天线发射出去。

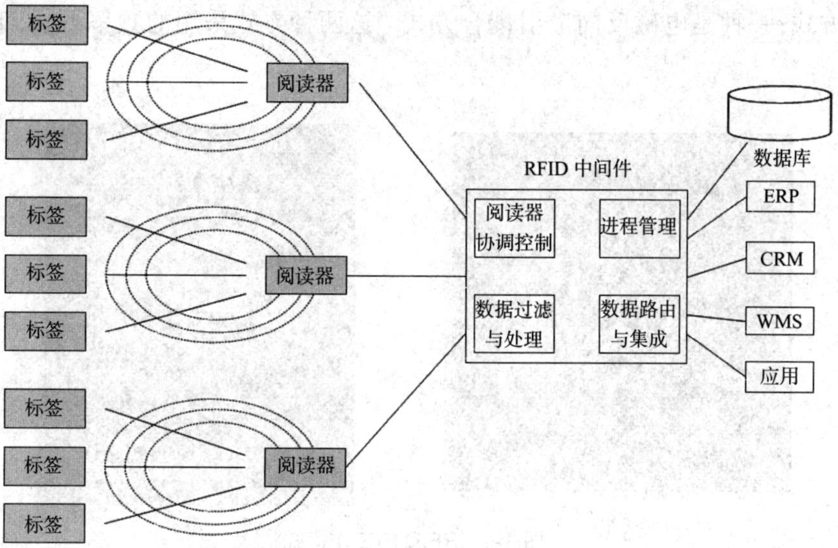

图 1-2　RFID 中间件

（3）RFID 系统的接收天线接收电子标签发出的载波信号，经天线的调节器传输给 RFID 读写器。读写器对接收到的信号进行解调解码，并送往后台的计算机控制系统。

（4）计算机控制系统根据逻辑运算判断该电子标签的合法性，针对不同的设定做出相应的处理和控制，发出指令信号给执行机构，并让执行机构按照计算机系统的指令执行动作。

（5）通过计算机通信网络将各个监控点连接起来，构成总控信息平台，根据不同的项目设计不同的软件来完成要实现的功能。

RFID 系统的结构框图如图 1-3 所示。由图 1-3 可知，电子标签由天线、控制器、存储器、编码器、调制器、时钟和电源构成，读写器由天线、射频模块、控制模块和接口模块构成。

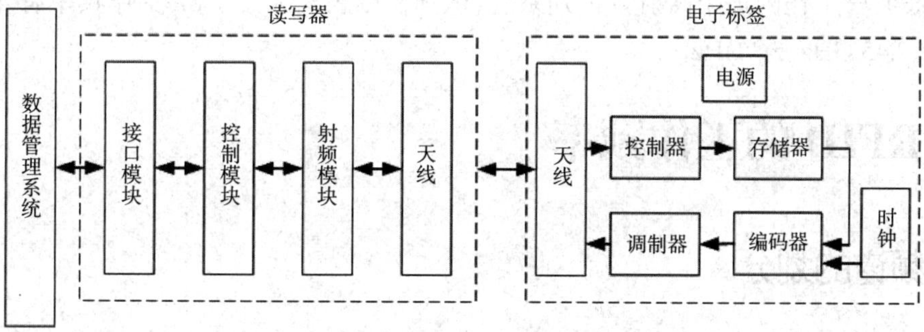

图 1-3　RFID 系统结构框图

1.4　RFID 的工作模式

RFID 系统在读写器和电子标签之间通过射频无线电信号自动识别目标对象，并由此获得相关的数据。如图 1-4 所示，读写器和电子标签之间射频信号的传输主要有两种方式：一种是电感耦合方式；一种是电磁反向散射耦合方式。这两种方式采用的频率不同，工作原理也不同。

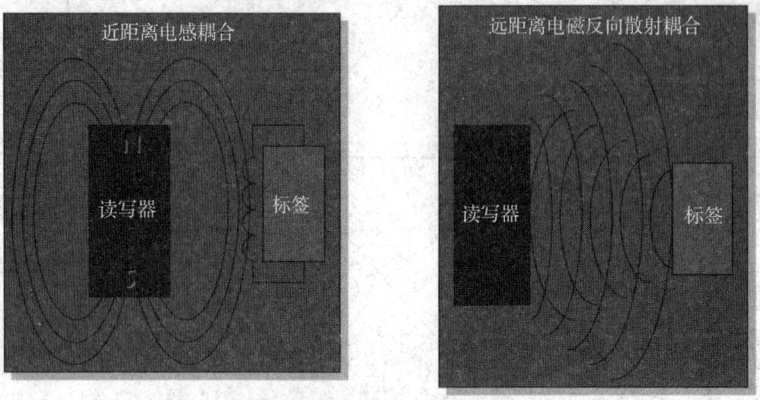

图 1-4 RFID 的工作模式

电感耦合式系统的工作模型如图 1-4 左图所示，类似于变压器模型，其中变压器的初级和次级线圈分别对应读写器和电子标签的天线线圈，通过空间高频交变磁场实现耦合，依据的是电磁感应定律。电磁反向散射耦合基于雷达模型，如图 1-4 右图所示，发射出去的电磁波碰到目标后反射，同时携带目标信息，依据的是电磁波的空间传播规律。

电磁反向散射耦合与电感耦合的差别在于电磁反向散射耦合方式中读写器将射频能量以电磁波的形式发送出去；在电感耦合方式中，读写器将射频能量束缚在读写器电感线圈的周围，通过交变闭合的线圈磁场，沟通读写器线圈与射频标签线圈之间的射频通道，没有向空间辐射电磁能量。电感耦合方式一般适合中、低频工作的近距离射频识别系统，识别作用距离小于 1 m，常用的工作频率有 125 kHz、225 kHz 和 13.56 MHz；电磁反向射散耦合方式一般适合高频、微波波段工作的远距离射频识别系统，识别作用距离大于 1 m，工作频率有 433 MHz、915 MHz、2.45 GHz、5.8 GHz。

1.5 RFID 的工作频率

1.5.1 频谱的划分

RFID 系统应用领域众多，对频谱的划分有多种形式，如今较为通用的是电气和电子工程师协会（IEEE）建立的频谱分段法，如表 1-1 所示。

表 1-1 IEEE 频谱

频段	频率	波长
ELF（极低频）	30~300 Hz	1 000 ~10 000 km
VF（音频）	300 Hz~3 kHz	100 ~1 000 km

续表

频段	频率	波长
VLF(甚低频)	3~30 kHz	10 ~100 km
LF(低频)	30 ~300 kHz	1~10 km
MF(中频)	300 kHz~3 MHz	0.1 ~1 km
HF(高频)	3 ~30 MHz	10 ~100 m
VHF(甚高频)	30 ~300 MHz	1 ~10 m
UHF(超高频)	300 MHz~3 GHz	10~100 cm
SHF(特高频)	3 ~30 GHz	1~10 cm
EHF(极高频)	30 ~300 GHz	0. 1 ~1 cm

1.5.2 RFID 的频段

RFID 工作频率的选择要顾及其他无线电服务。为了避免对其他无线电服务造成干扰，RFID 系统通常使用为工业、科学和医疗特别保留的 ISM 频段。ISM 频段为 6.78 MHz、13.56 MHz、27.125 MHz、40.68 MHz、433.92 MHz、869.0 MHz、915.0 MHz、2.45 GHz、5.8 GHz 以及 24.125 GHz 等，RFID 除了采用以上 ISM 频段之外，也采用 0~135 kHz 之间的频率。各个频段 RFID 技术的对比如表 1-2 所示。

表 1-2　不同频段 RFID 技术的对比

参数	低频(LF)	高频(HF)	超高频(UHF)	微波(MW)
频率	125~134 kHz	13.56 MHz	433 MHz，860~960 MHz	2.45 GHz，5.8 GHz
技术特点	穿透及绕射能力强(能穿透水及绕射金属物质)、速度慢、距离近	性价比适中，适用于绝大多数环境，但抗冲突能力差	速度快、作用距离远；穿透能力弱(不能穿透水，被金属物质全反射)，且全球标准不统一	一般为有源系统，作用距离远，但抗干扰力差
作用距离	<10 cm	1~20 cm	3~8 m	>10 m
主要应用	门禁、防盗系统、畜牧、宠物管理，固定设备、天然气使用管理、洗衣店等	智能卡、电子票务、图书管理、商品防伪、货架、运输等产品跟踪	仓储管理，物流跟踪，航空包裹，自动控制，货架、卡车、拖车跟踪等	收费站(道路收费)、集装箱等

1.6 RFID 系统的分类

RFID 系统的分类方法很多，常用的分类方法有按照工作频率分类、按照供电方式分类、按照工作方式分类、按照技术方式分类等。

1. 按照工作频率分类

1)低频系统

低频系统的工作频率一般为 30~300 kHz，典型的工作频率为 125 kHz 和 133 kHz。低频系统的基本特点是标签的成本较低，标签内保存的数据量较少，阅读距离较短（无源情况下典型阅读距离为 10 cm），电子标签外形多样（卡状、环状、钮扣状、笔状）以及阅读天线方向性不强等。典型应用为门禁考勤管理和动物识别等。

2）中高频系统

中高频系统的工作频率一般为 3~30 MHz，典型的工作频率为 13.56 MHz。中高频系统的基本特点是电子标签及读写器成本均较高，标签内保存的数据量较大，阅读距离较远（可达几米至十几米），可用于高速物体运动，工作性能好，外形一般为卡状，阅读天线及电子标签天线均有较强的方向性。广泛应用于电子票证、电子身份证及小区物业管理等。

3）超高频和微波系统

超高频和微波系统简称为微波系统。微波系统的工作频率一般为 300 MHz~3 GHz 或大于 3 GHz，典型工作频率为 433 MHz（有源）、902~928 MHz、2.45 GHz 和 5.8 GHz。主要应用于铁路车辆自动识别系统，还可用于公路车辆识别系统。

2. 按照供电方式分类

电子标签按供电方式可以分为有源（Active）标签和无源（Passive）标签，对应的 RFID 系统可分为有源供电系统和无源供电系统。

1）无源供电系统

无源供电系统，顾名思义，自己没有电源。因此，无源供电系统内标签所需的工作能量要从读写器发出的射频波束中获取，经过整流、存储后提供电子标签所需的工作电压。无源电子标签识别距离相对较短，但使用寿命长，且对环境要求不高。无源供电系统的读写器要发射更大的射频功率。

2）有源供电系统

有源电子标签通常都内装有电池，为电子标签的工作提供全部或部分能量。电子标签未进入工作状态，一直处于休眠状态时，标签内电池能量消耗较少，因而电池可以维持几年，甚至长达 10 年。有源电子标签本身带有微型电池，由于不需要射频供电，其识别距离更远，读写器需要的功率较小。

3. 按照工作方式分类

按照射频识别系统的基本工作方式来划分，可以将射频识别系统分为全双工系统、半双工系统和时序系统。

1）全双工系统

在全双工系统中，数据在读写器和电子标签之间的双向传输是同时进行的，并且从读写器到电子标签的能量传输是连续的，与传输的方向无关。其中，电子标签发送数据的频率是读写器频率的几分之一，即采用“分谐波”，或是用一种完全独立的“非谐波频率”。

2）半双工系统

在半双工系统中，从读写器到电子标签的数据传输和从电子标签到读写器的数据传输是交替进行的，并且从读写器到电子标签的能量传输是连续的，与传输的方向无关。

3）时序系统

在时序系统中，从电子标签到读写器的数据传输是在电子标签的能量供应间歇时进行的，而从读写器到电子标签的能量传输总是在限定的时间间隔内进行。时序系统的缺点是在读写器发送间歇时，电子标签的能量供应中断，这就要求系统必须有足够大容量的辅助电容器或辅助电池对电子标签进行能量补偿。

4. 按照技术方式分类

在射频识别系统中，按照读写器读取电子标签内存储数据的技术实现手段，可将射频识别系统划分为主动广播式、被动倍频式和反射调制式。

1）主动广播式

主动广播式射频识别系统实现起来最简单。电子标签采用有源方式工作，并实时将储存的标识信息向外广播，读写器相当于一个只收不发的接收机。这种系统的优点是电能充足、工作可靠性高、信号传输距离远；缺点是电子标签必须不停地向外发射信息，既费电，又对环境造成电磁污染。

2）被动倍频式

被动倍频式射频识别系统实现起来有一定难度。一般情况下，读写器发出射频查询信号，电子标签返回的信号载频为读写器发出射频的倍频。这种工作模式为读写器接收处理回波信号提供了便利，但是，对无源电子标签来说，电子标签将接收的读写器射频能量转换为倍频回波载频时，其能量转换效率较低，提高转换效率需要较高的微波技术，这就意味着需要更高的电子标签成本。同时这种系统工作需占用两个工作频点，一般较难获得无线电频率管理部门的产品应用许可。

3）反射调制式

反射调制式射频识别系统实现起来需要解决同频收发问题。系统工作时，读写器发出微波查询（能量）信号，电子标签（无源）将一部分接收到的微波查询能量信号整流为直流电供电子标签内的电路工作，另一部分微波能量信号被电子标签内保存的数据信号调制（ASK）后反射回读写器。读写器接收到反射回的幅度调制信号后，从中解析出电子标签所保存的标识数据信息。系统工作过程中，读写器发出微波信号与接收反射回的幅度调制信号是同时进行的。

1.7 ISO/IEC RFID 标准体系

ISO/IEC 是制定 RFID 标准最早的组织，大部分的 RFID 标准都是由 ISO/IEC 制定的。作为自动识别身份和采集数据的一种技术，制定 RFID 标准不仅要考虑物流供应链领域的单品标识，还要考虑电子票证、物品防伪、动物管理、食品与医药管理、固定资产管理等应用领域。随着物联网概念的提出，EPC Global 和 UID 相继提出了物联网 RFID 标准，于是 ISO/IEC 又制定了新的 RFID 标准。目前 EPC Global 专注于 860~960 MHz 频段，UID 专注于 2.45 GHz 和 13.56 MHz 频段，而 ISO/IEC 在射频识别的每个频段都发布了标准。

1.7.1 ISO/IEC RFID 标准体系架构

ISO/IEC RFID 标准体系架构可以分为技术标准、数据结构标准、性能标准和应用标准四个方面。其结构如图 1-5 所示。

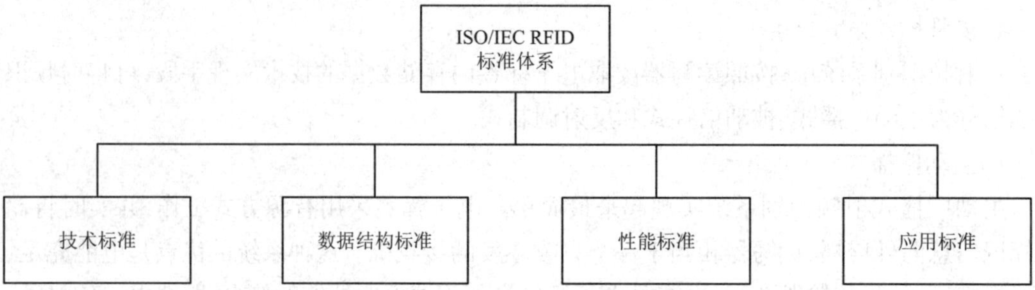

图 1-5 ISO/IEC RFID 标准体系架构

1.7.2 ISO/IEC RFID 技术标准

ISO/IEC RFID 技术标准规定了 RFID 有关技术特性、技术参数和技术规范等，主要包括 ISO/IEC 18000（空中接口通信协议）、ISO/IEC 10536（密耦合集成电路卡）、ISO/IEC 15693（疏耦合集成电路卡）和 ISO/IEC 14443（近耦合集成电路卡）。

1. ISO/IEC 18000（空中接口通信协议）

ISO/IEC 18000 作为目前相对较新的一系列标准，可用于商品的供应链，其中的部分标准正在形成之中。ISO/IEC 18000 系列包含了有源和无源 RFID 技术标准，主要是基于物品管理的 RFID 空中接口参数。ISO/IEC 18000 标准由下列几部分组成。

（1）ISO/IEC 18000-1：参考结构和被标准化的参数的定义。

（2）ISO/IEC 18000-2：低于 135 kHz 频段短程通信空间接口的参数。

（3）ISO/IEC 18000-3：13.56 MHz 短程通信空间接口的参数。

（4）ISO/IEC 18000-4：2.45 GHz 短程通信空间接口的参数。

（5）ISO/IEC 18000-6：860 MHz 至 960 MHz 频段短程通信空间接口的参数。

（6）ISO/IEC 18000-7：433 MHz 有源短程通信空间接口的参数。

2012 年，ISO/IEC 18000-6 被分成五部分发布，包括 ISO/IEC 18000-6、ISO/IEC 18000-61、ISO/IEC 18000-62、ISO/IEC 18000-63、ISO/IEC 18000-64。ISO/IEC 18000-6 定义了工业、科学、医疗（ISM）和医疗品项管理应用的 860~960 MHz 超高频无线电频率识别（RFID）空中接口参数，并提供了 RFID 设备的通用技术规范，可供 ISO 委员会开发 RFID 应用标准使用。

2. ISO/IEC 10536（密耦合集成电路卡）

ISO/IEC 10536 使用的频率为 13.56 MHz，最大的读取距离一般不超过 1 cm。这种卡成本高，与接触式 IC 卡相比优点很少。

3. ISO/IEC 15693（疏耦合集成电路卡）

ISO/IEC 15693 使用的频率为 13.56 MHz，读写距离较远，最大的读取距离一般不超过

1 m。ISO/IEC 15693 与 ISO/IEC 18000-3 兼容，设计简单，生产读取器的成本比 ISO/IEC 14443 低，大都用于进出控制、出勤考核等，现在很多企业使用的门禁卡大都使用这一类的标准。

4. ISO/IEC 14443（近耦合集成电路卡）

ISO/IEC 14443 使用的频率为 13.56 MHz，读写距离较近，最大的读取距离一般不超过 10 cm，但是应用较广泛，目前的第二代电子身份证采用的标准是 ISO/IEC 14443 TYPE B 协议。

1.7.3　ISO/IEC RFID 数据结构标准

ISO/IEC RFID 数据结构标准主要规定了数据的表现形式，主要包括以下几方面。

（1）ISO/IEC 15961：数据载体 / 特征标识符，规定了读写器与应用程序之间的接口。

（2）ISO/IEC 15962：规定了数据的编码、压缩、逻辑内存映射格式，以及如何将电子标签中的数据读入应用程序的方式。

（3）ISO/IEC 24753：适用于具有辅助电源和传感器功能的电子标签。

（4）ISO/IEC 15963：规定了 RFID 标签唯一标识的编码标准。

（5）ISO/IEC 15424：规定了数据载体和特征标识符的具体格式。

（6）ISO/IEC 15434：规定了大容量 ADC 媒体用法的传送密语。

（7）ISO/IEC 15418：规定了 EAN/UCC 应用标识符。

1.7.4　ISO/IEC RFID 性能标准

ISO/IEC 性能标准主要是测试指标制定等方面的标准。ISO/IEC 性能标准包括射频识别设备性能测试方法 ISO/IEC 18046 和空中接口通信测试方法 ISO/IEC 18047。

1.7.5　ISO/IEC RFID 应用标准

针对 RFID 在不同应用领域的不同特点，ISO/IEC 制定了相应的应用标准。应用技术标准根据各个行业自身的特点而制定，它针对行业应用领域所涉及的共同要求和属性。

1. 货运集装箱的应用标准

ISO TC 104 技术委员会专门负责集装箱标准制定，是集装箱制造和操作的最高权威机构。ISO 6346 提供了集装箱标识系统，该标准包括编码、识别和标记三部分；ISO 10374 为集装箱自动识别系统，该标准是基于微波应答器的集装箱自动识别系统，和 ISO 6346 共同应用于集装箱的识别。

2. 物流供应链的应用标准

ISO TC 122 包装技术委员会和 ISO TC 104 技术委员会成立的联合工作组 JWG，负责制定物流供应六个应用标准。ISO 17358 标准定义供应链物流单元各个层次的参数，定义环境标识和数据流程；ISO 17363~17367 系列标准分别对货运集装箱、可回收运输单元、运输单元、产品包装及产品标签的 RFID 应用进行规范；ISO 10374、ISO 18185 和 ISO 17363 三个标准都针对集装箱，分别针对集装箱本身管理、监视及供应链管理。

3. 动物识别的应用标准

ISO TC 23/SC 19 负责制定动物管理 RFID 方面标准，包括 ISO 11784、ISO 11785 和 ISO 14223 三个标准。ISO 11784 规定了动物射频识别码的编码结构；ISO 11785 是技术准则，规定了电子标签的数据传输方法和读写器的技术参数要求；ISO 14223 规定了动物射频识别的读写器和高级标签的空间接口标准，可以让动物数据直接存储在标签上。

1.8 EPC 系统

1.8.1 EPC 概述

EPC 的全称是 Electronic Product Code，中文称为产品电子代码。EPC 概念的提出源于射频识别技术和计算机网络技术的发展。EPC 的载体是 RFID 电子标签，借助互联网来实现信息的传递。EPC 旨在为每一件单品建立全球的、开放的标识标准，实现全球范围内对单件产品的跟踪与追溯，从而有效地提高供应链管理水平，降低物流成本。

1.8.2 EPC 系统结构

EPC 系统是一个非常先进的、综合的和复杂的系统，其最终目标是为每一件单品建立全球的、开放的标识标准。EPC 系统由全球产品电子代码（EPC）体系、射频识别系统及信息网络系统三部分组成，主要包括 EPC 标签、读写器、Savant（EPC 中间件）服务器、Internet、ONS 服务器、PML 服务器以及众多数据库，如图 1-6 所示。

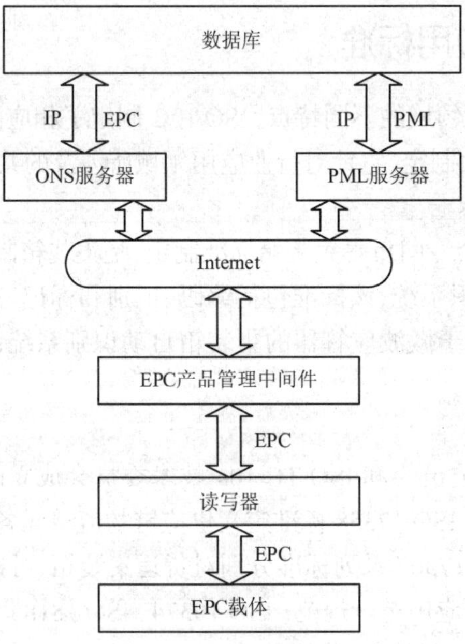

图 1-6 EPC 系统结构

1.8.3 EPC 编码

EPC 编码是 EPC 系统的重要组成部分,它是对实体及实体的相关信息进行代码化,通过统一的、规范的编码来建立全球通用的信息交换语言。目前的 EPC 系统中应用的编码类型主要有三种: 64 位、96 位和 256 位。EPC-64 编码类型,分为 TYPE Ⅰ、TYPE Ⅱ和 TYPE Ⅲ三种类型。EPC-96 编码类型,目前只有一种 TYPE Ⅰ型,版本号字段占 8 位,域名管理占 28 位,序列号为 36 位。EPC-256 编码类型,分为 TYPE Ⅰ、TYPE Ⅱ和 TYPE Ⅲ三种类型,它的域名管理分别占 32 位、64 位和 128 位。EPC 不同标准的编码规则如表 1-3 所示。

表 1-3 EPC 不同标准的编码规则

编码类型		版本号	域名管理	对象分类	序列号
EPC-64	TYPE Ⅰ	2	21	17	24
	TYPE Ⅱ	2	15	13	34
	TYPE Ⅲ	2	26	13	23
EPC-96	TYPE Ⅰ	8	28	24	36
EPC-256	TYPE Ⅰ	8	32	56	160
	TYPE Ⅱ	8	64	56	128
	TYPE Ⅲ	8	128	56	64

EPC 编码由版本号、域名管理、对象分类部分和序列号四个字段组成。如Ⅰ型 EPC-64 编码协议，21 位被分配给了具体的 EPC 域名管理编码，17 位被用于标识对象具体的分类信息，最后的 24 位序列标识了具体的对象个体。

1.8.4 EPC 与 RFID 的关系

应当注意到，EPC 系统并不能完全等同于 RFID 系统。前者是一个复杂、全面、综合的系统,包括 RFID 标签、EPC 编码、互联网络及通信协议等，RFID 只是其中的一个组成部分。而 EPC 也只是 RFID 技术的应用领域之一,只有特定的低成本 RFID 标签才适合 EPC 系统。

1.9 RFID 的发展历程

雷达技术的不断革新和发展逐渐催生了 RFID 技术,这是由于 RFID 技术的基本原理同无线电广播接收和发射数据的原理相同。RFID 技术产生于 20 世纪 40 年代,第二次世界大战时期就已经开始作为军事“信息化武器”出现在人们的视野之中了。

1948 年, Harry Stockman 发表的论文《利用反射功率进行通信》,是 RFID 理论发展的里程碑。在论文中 Harry Stockman 预言:“显然,在能量反射通信中的其他基本问题得到解决之前,在开辟它的实际应用领域之前,我们还要做相当多的研究和发展工作。”正如 Harry Stockman

所预言的,在 RFID 成为现实之前,人类花了大约 30 年的时间,才解决了他所说的所有问题。20 世纪 50 年代是 RFID 技术的探索阶段, RFID 技术主要是在实验室进行研究,当时 RFID 技术使用成本高,设备体积大。

1961—1980 年, RFID 变成了现实。从 20 世纪 60 年代开始, RFID 技术的理论研究有了进一步的发展,并且开始投入到简单的实践应用中。科研人员开始尝试一些应用,一些公司引入 RFID 技术用于开发电子监控设备。20 世纪 70 年代是 RFID 技术应用的发展期,随着微电子技术的发展,基于集成电路芯片的 RFID 系统迅速发展,读写速度更快,识别范围更广,并且降低了 RFID 技术的应用成本。各种 RFID 技术测试得到加速发展,出现了一系列 RFID 技术的研究成果。之后,RFID 技术及产品进入人员身份识别、自动收费系统等商业应用阶段。

1981—2000 年, RFID 商业应用标准化出现, RFID 产品逐渐进入生活。20 世纪 90 年代, RFID 技术首先在美国的公路自动收费系统中得到了广泛应用,比如 1991 年,美国俄克拉荷马州出现的世界上第一个开放式公路自动收费系统。很快,社区和校园大门控制系统以及汽车行业开始使用射频识别系统。随着 RFID 应用的扩大,为了保证不同 RFID 设备和系统的兼容性,专门负责制定 RFID 技术标准的机构——全球电子代码组织(EPC Global)应运而生。

进入 21 世纪,RFID 标准化已经初步形成,RFID 产品种类更加丰富,电子标签成本不断降低,全球零售行业的巨头正纷纷“触电”RFID。比如快时尚服装连锁品牌 UR 通过 RFID 应用管理供应链技术;还有全球最大的零售商沃尔玛也要求供应商在包装箱及集装箱上贴上 RFID 标签,开发出基于 RFID 等技术的供销存系统及全球卫星定位系统。中国已经将 RFID 技术应用于铁路车号识别、身份证和票证管理、动物标识、特种设备与危险品管理、公共交通以及生产过程管理等多个领域。

1.10 RFID 的应用现状

现如今 RFID 的产品种类日益丰富,成本不断降低, RFID 已经应用于制造、物流和零售等各个领域。

(1)交通领域。交通领域主要用于不停车缴费、铁路机车识别及航空交通管制等。

(2)物流领域。物流领域主要用于物流过程中货物追踪、信息自动采集及仓库自动管理。

(3)制造领域。制造领域主要用于生产过程的生产数据实时监控、质量追踪、自动化生产及个性化生产等。

(4)零售领域。零售领域主要用于商品的销售数据实时统计、补货及防盗等。

(5)医疗领域。医疗领域主要用于医院的医疗器械管理、病人身份识别及婴儿防盗等。

(6)身份识别领域。身份识别领域主要用于电子护照、身份证等其他各种电子证件。

(7)服装流通领域。服装流通领域主要用于服装的自动化生产、仓储管理、品牌管理及渠道管理等过程。

(8)动物管理领域。动物管理领域主要用于驯养动物、畜牧牲口、宠物等的识别管理、动物的疾病追踪及畜牧牲口的个性化养殖等。

习题 1

1-1　什么是 RFID？RFID 系统主要有哪几部分组成？

1-2　简述 RFID 的工作原理。

1-3　简述 RFID 系统的电感耦合方式和电磁反向散射耦合方式的原理。

第 2 章　RFID 天线技术

2.1　天线知识

根据麦克斯韦电磁场理论,变化的电场在其周围空间产生变化的磁场,而变化的磁场又产生变化的电场。这样,变化的电场和变化的磁场之间相互依赖、相互激发、交替产生,并以一定速度由近及远地在空间传播。

当电磁波频率较低时,它主要借助于有形的导体才能传递;当频率逐渐提高时,电磁波就会外溢到导体之外,不需要介质也能向外传递能量,这就是一种辐射。在低频的电磁振荡中,磁电之间的相互变化比较缓慢,其能量几乎全部返回原电路。然而,在高频率的电磁振荡中,磁电互变非常快,能量不能返回原振荡电路,于是电能、磁能随着电场与磁场的周期变化以电磁波的形式向空间传播出去。

根据以上理论,每一段有高频电流通过的导线都会有电磁辐射。有些导线用于传输,就不希望有太多的电磁辐射以免损耗能量;有些导线用作天线,就希望尽可能地将能量转化为电磁波发射出去。无论是天线还是传输线,都是电磁波理论(或麦克斯韦电磁场理论)在不同情况下的应用。

对于传输线,这种导线的结构应该便于传递电磁能量,而不会向外辐射;对于天线,这种导线的结构应该便于将电磁能量传递出去。不同形状、尺寸的导线在发射和接收某一频率的无线电信号时,效率相差很大,因此要取得理想的通信效果,必须采用结构适当的天线。研究什么样结构的导线能够实现高效的发射和接收,形成了天线这门学科。

高频电磁波在空中传播,如遇到导体,就会发生感应作用,在导体内产生高频电流,因此我们可以用导线接收来自远处的无线电信号。

在无线通信系统中,需要将来自发射机的导波能量转换为无线电波,或者将无线电波转换为导波能量,用来辐射和接收无线电波的装置称为天线。发射机所产生的已调制的高频电流能量(或导波能量)经馈线传输到发射天线,通过天线再转换为某种极化的电磁波能量,并向所需方向发射出去。到达接收点后,接收天线将来自空间特定方向的某种极化的电磁波能量又转换为已调制的高频电流能量,经馈线输送到接收机输入端。

对天线性能的要求如下。

(1)天线应能将导波能量尽可能多地转变为电磁波能量。

(2)天线应能使电磁波尽可能集中于确定的方向上,或对确定方向的来波最大限度地接收,即天线应具有方向性。

(3)天线应能发射或接收具有规定极化特性的电磁波。

（4）天线应具有足够宽的工作频带。

2.2 RFID 天线

如前所述，天线是一种以电磁波形式把前端射频信号辐射出去或接收进来的装置，是电路与空间的界面器件，用来实现导行波与自由空间波能量的转化。在 RFID 系统中，天线分为电子标签天线和读写器天线两大类，分别承担接收能量和辐射能量的功能。

2.2.1 电子标签天线

电子标签又称为射频标签、应答器、数据载体，射频识别中的电子标签由标签天线和标签专用芯片组成，如图 2-1 所示。

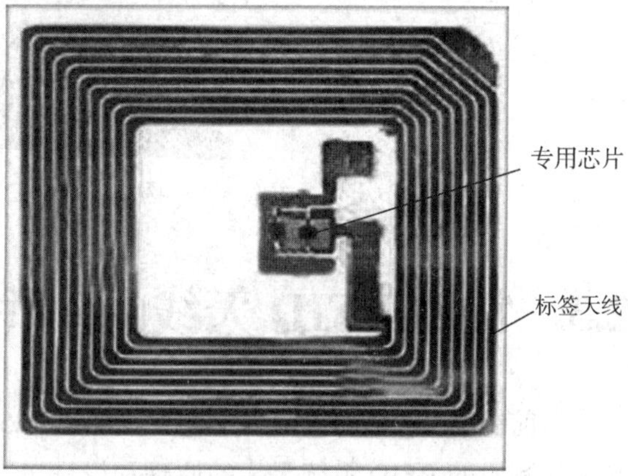

图 2-1 RFID 电子标签

电子标签天线的设计需要考虑的因素较多，如电磁波频段、工作模式、标签天线封装形式等。根据工作电源的不同，电子标签可分为主动标签和被动标签。主动标签自身携带电池为其提供读写器通信所需的能量；被动标签则通过标签天线从读写器中发出的电磁波获得能量激活芯片。因此，标签天线的阻抗必须与标签芯片的输入阻抗共轭匹配，使标签芯片能够最大限度地获得读写器所发出的电磁能量，并将储存在标签芯片中的信息反馈给读写器。此外，标签天线设计时还必须考虑电子标签所应用的场合，如应用在金属物体表面的标签天线和应用在普通物体表面的标签天线在天线的结构和选材上有很大的差别。

2.2.2 读写器天线

读写器又称为读出装置、扫描器、通信器、读取器（取决于电子标签是否可以无线改写数据）。电子标签与读写器之间通过耦合元件实现射频信号的空间（无接触）耦合，在耦合通道内，根据时序关系，实现信息传递和数据交换。RFID 读写器通过天线与 RFID 电子标签进行无线通信，可以实现对标签识别码和内存数据的读出或写入操作。典型的 RFID 读写器包含 RFID 射频模块（发送器和接收器）、控制单元以及读写器天线。RFID 读写器天线如图 2-2 所示。

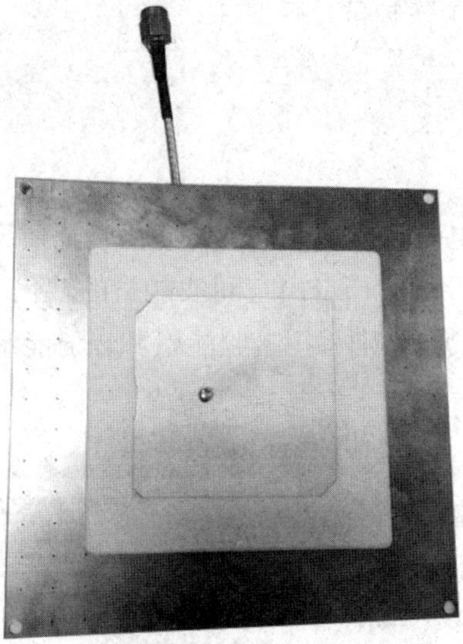

图 2-2 RFID 读写器天线

2.3 常用 RFID 天线的工作原理及其主要参数

当前的 RFID 系统主要集中在 LF、HF（13.56 MHz）、UHF（860~960 MHz）及微波频段，不同工作频段的 RFID 系统天线的原理和设计也不同。RFID 天线的增益和阻抗特性会对 RFID 系统的作用距离等产生影响，RFID 系统的工作频段反过来对天线尺寸以及辐射损耗有一定要求。对于近距离 RFID 系统，天线一般和读写器集成在一起；对于远距离 RFID 系统，天线和读写器一般采取分离式结构，通过阻抗匹配的同轴电缆连接。一般来说，方向性天线由于具有较少回波损耗，比较适合标签应用；由于标签放置方向不可控，读写器天线一般采用圆极化方式。读写器天线要求低剖面、小型化以及多频段覆盖。常用的 RFID 天线有磁场耦合式天线和电磁波后向散射式 RFID 天线。

1. 磁场耦合式天线

磁场耦合式天线是低频和高频 RFID 应用中广泛采用的天线，由线圈绕制而成（如图 2-3 所示）。其基本工作原理是，当交变电流在线圈中流动时，会在线圈周围产生较强的磁场，磁场穿过线圈的横截面和线圈周围空间，可以把读写器与电子标签耦合起来，读写器通过磁场耦合方式与标签实现通信。

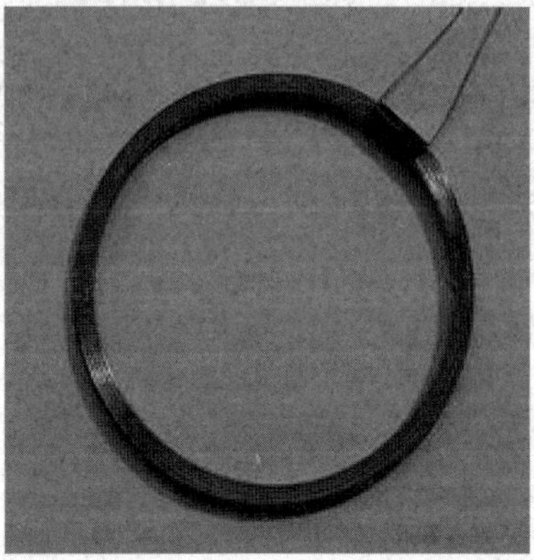

图 2-3 磁场耦合式天线

磁场耦合式天线的主要参数有线圈的电感 L、线圈的面积及线圈天线的 Q 值等。线圈的 Q 值越高，谐振电流越大，周围场强也越强，但线圈天线的带宽与品质因数成反比。

2. 电磁波后向散射式 RFID 天线

电磁波后向散射式 RFID 天线（图 2-4）主要工作在超高频和微波波段。在该波段，磁电互变非常快，能量不能返回原振荡电路，电能和磁能随着电场与磁场的周期性转换，会以电磁波的形式向周围空间传播，从而形成电磁辐射。电磁波在空间传播，如遇到接收天线，就会发生感应作用，在天线内产生高频电流，经馈线送入接收单元，可完成收发端的无线通信。该波段的天线具有多种不同的形式。电磁波后向散射式 RFID 天线的主要参数有方向函数和方向图、天线增益、天线输入阻抗和辐射阻抗、天线带宽及天线输入驻波比等。

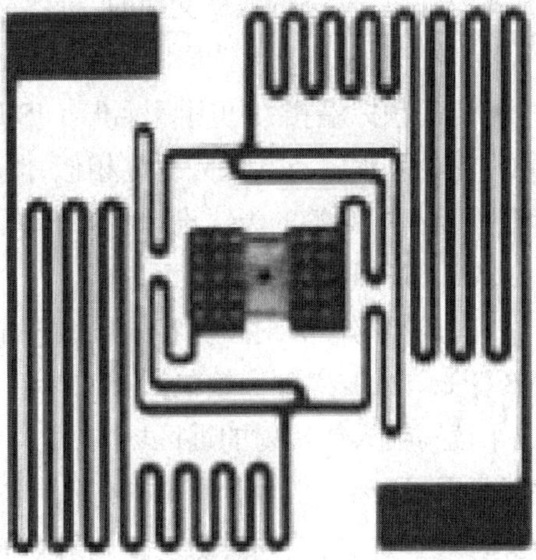

图 2-4　电磁波后向散射式 RFID 天线

2.4　RFID 天线的工作频段

按照工作频率的不同，RFID 标签可以分为低频（LF）、高频（HF）、超高频（UHF）和微波等不同种类。不同频段的 RFID 电子标签工作原理不同，LF 和 HF 频段 RFID 电子标签一般采用电磁耦合原理，而 UHF 及微波频段的 RFID 电子标签一般采用电磁发射原理。

目前国际上广泛采用的频率分布于四种波段：低频（125 kHz）、高频（13.56 MHz）、超高频（850 MHz~910 MHz）和微波（2.45 GHz）。典型的工作频率有 125 kHz、133 kHz、13.56 MHz、27.12 MHz、433 MHz、902~928 MHz、2.45 GHz、5.8 GHz 等。每一种频率都有它的特点，被用在不同的领域，因此要正确使用就要先选择合适的频率。

1. 低频段射频标签

低频段射频标签简称“低频标签”。低频标签的工作频率范围一般为 30 ~ 300 kHz，典型工作频率有 125 kHz 和 133 kHz。低频标签一般为无源标签，其工作能量从读写器的辐射近场中获得。与读写器之间传送数据时，标签需要位于读写器天线辐射的近区场内。阅读距离一般情况下小于 1 m。低频标签的主要应用有动物识别、工具识别、容器识别及电子闭锁防盗等，相关的国际标准有 ISO 11784/11785（用于动物识别）和 ISO 18000-2（125~135 kHz）。

低频标签主要有省电、廉价，可以穿透水、有机组织、木材，工作频率不受无线电频率管制约束等特点，非常适合近距离的、低速度的、数据量要求较少的识别应用等。低频标签的不足之处是标签存储数据量较少，只能适合低速、近距离识别应用；与高频标签相比，标签天线匝数更多，成本更高一些。

2. 中、高频段射频标签

中、高频段射频标签的频率范围是 3~ 30 MHz，典型工作频率为 13.56 MHz。由于该频段的射频标签工作原理与低频标签完全相同，所以可以将其归类为低频标签。同时，根据无线电频率的一般划分，其工作频段为高频，所以也常将其称为高频标签。高频标签一般也采用无源方式，与读写器进行数据交换时，标签必须位于读写器天线辐射的近区场内。阅读距离一般情况下也小于 1 m（最大读取距离为 1.5 m）。高频标签的主要应用有电子车票和电子身份证等。

与高频标签相关的国际标准有 ISO 14443、ISO 15693 及 ISO 18000-3（13.56 MHz）等。高频标签的基本特点与低频标签相似，但是由于其工作频率的提高，可以选用较高的数据传输速率，而且高频标签的天线设计相对简单。

3. 超高频与微波射频标签

超高频与微波射频标签的典型工作频率有 433.92 MHz、862（902）~928 MHz、2.45 GHz 及 5.8 GHz。微波射频标签包括有源标签与无源标签两类。与读写器进行数据交换时，标签必须位于读写器天线辐射的远区场内，读写器天线辐射场为无源标签提供射频能量，将有源标签唤醒。阅读距离一般大于 1 m，典型情况为 4~6 m，最大可达 10 m 以上。由于阅读距离的增加，在阅读区域内可能同时出现多个射频标签，从而提出多个标签同时读取的要求，这种多目标识别的能力是射频识别系统的主要优势之一。目前比较成功的无源微波电子标签产品主要集中在 902~928 MHz 工作频段上。而 2.45 GHz 和 5.8 GHz 射频识别系统主要是半无源微波射频标签产品，具有较远的阅读距离。微波电子标签的主要应用有移动车辆识别、电子身份证及仓储物流应用等。相关的国际标准有 ISO 10374、ISO 18000-4（2.45 GHz）、ISO 18000-5（5.8 GHz）、ISO 18000-6（860~930 MHz）、ISO 18000-7（433.92 MHz）及 ANSI NCITS 256—1999 等。

微波射频标签的典型特点主要集中在是否无源，无线读写距离的远近，是否支持多标签读写，是否适合高速识别应用，读写器的发射功率容限，电子标签及读写器的价格等方面。

2.5 RFID 天线设计

2.5.1 RFID 天线设计要点

RFID 天线结构和环境因素对天线性能有很大影响。天线的结构决定了天线方向图、阻抗特性、驻波比、天线增益、极化方向和工作频段等特性。天线特性也受所贴附物体形状及物理特性的影响。例如，磁场不能穿透金属等导磁材料，金属物附近磁力线形状会发生改变，而且磁场能在金属表面引起涡流，由楞次定律可知，涡流会产生抵抗激励的磁通量，导致金属表面磁通量大大衰减。读写器天线发出的能量被金属吸收，会导致读写距离大大减小。另外，液体对电磁信号有吸收作用，弹性基层会造成标签及天线变形，宽频带信号源（如发动机、水泵、发电机）会产生电磁干扰等，这些都是设计天线时必须细致考虑的地方。目前，研究领域根据天线的以上特性提出了多种解决方案，如采用曲折形天线解决尺寸限制，采用倒 F 形天线解决金属表面的反射问题等。

天线的设计目标是保证传输最大的能量进出电路，这就需要仔细地设计天线和自由空间以及电路的匹配，天线匹配程度越高，天线的辐射性能越好。当工作频率增加到超高频区域的时候，天线与标签芯片之间的匹配问题变得更加严峻。在传统的天线设计中，我们可以通过控制天线尺寸和结构,使用阻抗匹配转换器使其输入阻抗与馈线相匹配。一般天线的开发基于 50 Ω 或 75 Ω 阻抗,而在 RFID 系统中,芯片的输入阻抗可能是任意值,并且很难在工作状态下准确测试,天线的设计也就难以达到最佳效果。对于分离式读写器,还涉及天线阵的设计问题。国外已经开始研究在读写器上应用智能波束扫描天线阵,读写器可以按照一定的处理顺序,"智能"地打开和关闭不同的天线,使系统能够感知不同天线覆盖区域的标签,扩大系统覆盖范围。

2.5.2　RFID 天线设计流程

RFID 天线的性能指标与天线的微带单元尺寸、基板尺寸及馈电点位置等密切相关,而这些参数又直接由 RFID 系统的工作频率、基片介电系数、基片厚度及馈电方式决定,因此在选定基片介电系数和基板厚度、馈电方式之后,可使用相关公式计算出贴片尺寸和馈电点的位置,再使用工具软件计算出馈线的尺寸。得到以上设计参数之后,可在电磁仿真软件 HFSS 中进行仿真,使用该软件进行天线仿真有以下七个步骤。

(1)仿真模式的选择。HFSS 共有三种求解(Solution)类型:模式驱动求解(Driven Modal)、终端驱动求解(Driven Terminal)和本征模求解(Eigenmode)。RFID 天线的仿真需要计算无源的基模的 S 参数和天线远场辐射问题,因此选择 Driven Modal 模式比较合适,当然也可以选择 Driven Terminal。

(2)天线模型的建立。Ansoft HFSS 是一种 3D 的电磁仿真软件,它提供了操作简单的各种画图工具,可以方便地建立各种复杂的立体模型,并且它支持专业画图工具建立的模型的导入和导出。

(3)材料选取。系统内部自带各种介质基片材料,可以从材料库里选择需要的材料。如果没有适合的介质材料,可以自行设定材料的参数。

(4)设置边界条件和激励源。用户可以根据要仿真的结构和仿真结果来设置各个面的边界条件。HFSS 提供的高频电磁仿真的边界条件包括 Perfect-E、Perfect-H 和 Radiation 等,激励源端口设置主要有 Wave Port 和 Lumped Port 两种。边界条件的设置和激励端口的设置是仿真过程中最难的一步,也是整个仿真中最重要的环节。

(5)参数的扫描和优化。在 HFSS9.0 以上版本,软件添加了优化软件包 Ansoft Optimetrics。这个软件包的主要功能是对天线模型的尺寸进行参数扫描和参数优化计算,这样大大地提高了天线仿真设计的精确性。

(6)设置模型迭代求解的目标及工作频率。首先要设定仿真模型的工作频率,由于网络的大小和波长是有一定关系的,所以这一步的设置对仿真结果也有重要的影响。一般来说,设置仿真天线时要先估计它的谐振频率,然后将该谐振频率作为工作频率。如果无法估计仿真天线的谐振频率,一般要先确定其感兴趣的频段,然后取该频段的中点作为工作频率。

(7)仿真结果处理。HFSS V10 仿真软件包能够给出天线各种参数的仿真结果和变量扫描分析的结果,其中包括天线在工作频段的 S 参数、电压驻波比(VSWR)、天线的方向性图、增益和输入阻抗等主要的参数。另外,通过仿真计算还可以得到天线在工作频率上的电场、磁场、电流和电压等参数的动态图,便于对结果有个直观的认识。

初步仿真后,在 Schematic 文件中进行天线匹配,然后参照匹配系数在 Layout 中进行修改,完成最终 RFID 微带天线的设计。

2.6 RFID 天线的制作方法

在 RFID 标签中,天线层是主要的功能层,用于辐射和接收电磁波。RFID 天线是按照射频识别所要求的功能而设计的电子线路,将导电银浆或导电碳浆网印在聚氯乙烯(PVC)、聚碳酸酯(PC)或聚对苯二甲酸乙二醇酯(PET)上,再与面层、保护层和底层等合成。RFID 天线常用的制作方法有蚀刻法、烫印法和导电油墨印刷法。

1. 蚀刻法

天线在蚀刻前应印刷上抗蚀膜,首先将 PET 薄膜片材两面覆上金属(如铜、铝等)箔,然后采用印刷法(丝网印、凹印等)或光刻法,在薄膜片材(基板)双面天线图案区域印刷抗蚀油墨,就是将抗蚀油墨印在需要保留铜箔(天线图案)的部分,用以保护线路图形在蚀刻中不被溶蚀掉。抗蚀油墨品牌较多,但基本上可分为自干型(热固型)和光固型两大类型。印刷抗蚀墨的方法多采用丝网印刷(也有用凹印),它成本较低,但由于印刷精度不太高,只适用于加工制作线宽在 0.2 mm 以上的导电图形。光刻法是在覆铜基板表面预先涂布光敏抗蚀膜,并用相应的掩膜覆合曝光,经过显影腐蚀,除去板上残留抗蚀膜,就可得到一个完整的天线图形。光刻法成本较高,但能加工 0.2 mm 以下线宽的精细图形。

在抗蚀油墨丝网印刷天线的过程中,要想获得精细的印刷图形,除要注重选择性能优良的制版、印刷设备外,对印刷基材、印刷油墨、丝网、感光乳剂以及印刷环境等也都有特殊的要求。抗蚀油墨可购买厂家配制好的,也可自己配制,一般其配方为:松香(工业级)0.8 ~ 1 kg,墨绿或深蓝胶版油墨 200 g,立德粉(320 目)3 kg,松节油(工业级)1 000 ~ 1 200 ml,硬脂酸(工业级)32 g。配制时先将松香和硬脂酸一起加热熔化,熔化后必须离开加热器再缓缓加入松节油,边倒边搅拌,勿使松香重新凝固,然后加入油墨使其溶解,最后加入立德粉,充分搅拌或碾压均匀即可。配制时,立德粉的目数一定要严格选用;加热不要采用水浴法,以免水蒸气进入印料使其结团。抗蚀油墨印刷前,要注意将油墨充分搅拌均匀,一般不使用稀释剂。

印刷中要注意控制抗蚀油墨干燥后的成膜厚度。成膜过厚会造成导电图形扩张,影响精度;但成膜也不可过薄,否则可能形成砂眼、针孔等,增加修版工作量。网印后一般可采用 UV 或远红外固化,如采用远红外烘道时干燥 2 min 即可,而用自然干燥时,温度应控制在 25 ~ 30 ℃,大约需要 4 h 或更长时间,成膜铅笔硬度达 2H。干燥后的印刷天线电路板即可进入蚀刻工序。蚀刻就是将印刷油墨图案已固化的片材浸入蚀刻液中,溶蚀掉未印刷抗蚀油墨层区域的金属,然后再去除薄膜片材天线图案金属层上的抗蚀刻油墨,这样就完成了天线加工过程。要保证蚀刻质量,一般来说,要注意以下几个方面的问题。

1)注意减少侧蚀和产生突沿

侧蚀会严重影响印制导线的精度,给制作精细导线带来困难。当侧蚀和突沿降低时,蚀刻系数就会升高,高的蚀刻系数表示天线有高精细导线的能力,可使蚀刻后的导线接近原图尺寸。此外,还要注意突沿过度等弊病,防止引起导线短路。因为突沿容易发生断裂,在导线的两点之间形成电的桥接。影响侧蚀的因素很多,如采用浸泡和鼓泡方式蚀刻时会造成较大的侧蚀,而采用泼溅和喷淋方式蚀刻时则侧蚀较小,尤以喷淋蚀刻效果最好。

蚀刻液对侧蚀有很大的影响,不同种类的蚀刻液因化学成分不同,其蚀刻速率也不相同,蚀刻系数也有差异。如酸性氯化铜蚀刻液的蚀刻系数通常为 3,碱性氯化铜蚀刻液的蚀刻系数可达到 4。最新的研究表明,以硝酸为基础的蚀刻系统可以做到几乎没有侧蚀,蚀刻的线条侧壁接近垂直,但这种蚀刻系统尚有待完善和推广。蚀刻液的 pH 值对侧蚀也有一定的影响,pH 值较高(碱性蚀刻液)时,侧蚀增大。故应注意控制蚀刻液的 pH 值(一般在 8.5 以下),以减少侧蚀。碱性蚀刻液的密度太低会加重侧蚀,因此可选用高铜浓度的蚀刻液,以减少侧蚀。

此外,蚀刻速率与侧蚀也有很大的关系,一般蚀刻速率慢会造成严重侧蚀,也就是说线路板在蚀刻液中停留的时间越长,侧蚀越严重,因此加快蚀刻速率可提高蚀刻质量,蚀刻出的图形更加清晰整齐。金属(如铜、铝等)箔厚度也是引起侧蚀的一个因素,因为金属箔越薄,在蚀刻液中的时间越短,侧蚀量就越小。所以,要实现具有最小侧蚀的细导线的蚀刻,最好采用(超)薄铜箔,而且线宽越细,铜箔厚度应越薄。

2)提高线路板之间蚀刻速率的一致性

在连续的线路板蚀刻中,蚀刻速率越一致,越能获得均匀蚀刻的线路板。要达到这一要求,必须保证蚀刻液在蚀刻的全过程始终保持在最佳的蚀刻状态。这就要求选择容易再生和补偿、蚀刻速率容易控制的蚀刻液,选用能提供恒定的操作条件和对各种溶液参数能自动控制的工艺和设备。通过控制溶铜量、pH 值、溶液的浓度、温度及溶液流量的均匀性(喷淋系统或喷嘴以及喷嘴的摆动)等来实现。

3)保证线路板表面蚀刻速率的均匀性

线路板上下两面以及板面上各个部位的蚀刻均匀性是由线路板表面蚀刻剂流量的均匀性决定的。蚀刻过程中,上下板面的蚀刻速率往往会不一致。一般来说,下板面的蚀刻速率大于上板面。因为上板面有溶液的堆积,减缓了蚀刻反应的进行。这个问题可以通过调整上下喷嘴的喷啉压力来解决。在相同的时间里想要把全部板面都蚀刻干净是很困难的,因为线路板边缘比中心部位蚀刻得快。要解决这个问题,可采用喷淋系统并使喷嘴摆动,这是一个较为有效的措施,更进一步的改善办法是使线路板中心和边缘处的喷淋压力不同,以及采用前沿和后端间歇蚀刻等方法,使整个板面的蚀刻达到均匀一致。

4)注意薄铜箔完好

对于薄铜箔的蚀刻,必须保证其不被擦伤或划伤。薄铜箔与厚铜箔不同,经受不了机械上的摩擦和碰撞,有时较剧烈的震颤都有可能划伤铜箔,这点在蚀刻中也要加以注意。

5)注意绿色环保,减少环境污染

铜对水的污染是线路板生产中普遍存在的问题,氨碱蚀刻液的使用更加重了这个环境污染问题。因为铜与氨结合,不容易用离子交换法或碱沉淀法除去。所以,采用第二次喷淋操作的方法,用无铜的添加液来漂洗板子,可大大地减少铜的排出量。然后,再用空气刀在水漂洗之前将板面上多余的溶液除去，就可减轻水对铜和蚀刻的盐类的漂洗负担。蚀刻完毕后可用浓度为 1%~2% 的氢氧化钠稀碱液喷淋去膜。

2. 烫印法

烫印是通过烫印金属箔强调亮度和创意效果的技术。该技术一般被用于书籍的装订和商品的包装等。采用烫印法制作天线就是将书刊封面等的烫印技术移植到天线的制作中来。与以往将无线标签粘贴到印刷品上的方式相比，加工成本可降低约 30%。利用烫印技术加工天线，已开发出了以纸为基材、性能优越的 UHF 频带无线标签。在 IC 晶片和天线的连接方面，不使用普通的接合材料，而是采用独特的方法，实现了牢固的结合强度。

烫印有热烫印和冷烫印两种，其中热烫印技术是指利用专用的金属烫印版通过加热、加压的方式将烫印箔转移到承印材料表面；冷烫印技术是指利用 UV 胶黏剂将烫印箔转移到承印材料上。由于热烫印通常需要 120 ℃左右的高温，容易使金属（如铜、铝等）箔加速氧化而降低其导电性能，因此在烫印天线时较多选择冷烫印工艺。考虑到烫印天线金属箔的厚度以及天线对金属导电性上的较高要求，一般冷烫印比热烫印更适于 RFID 天线的制作。RFID 冷烫印的主要特点如下。

1）印刷速度快

冷烫印工艺中的黏合剂采用柔性版印制到承印材料表面，后续黏合和排废过程简单，相对于热烫印工艺，生产效率高，能达到较高的标签制作速度，且成本较低。

2）方法简单

从图 2-5 可以看出，相对于蚀刻法和导电油墨法来说，烫印法的工艺更为简单。它缩短了生产工艺流程，降低了生产成本。从制作流程可以看出，烫印天线是直接将天线烫印在基材上，省去标签加工及粘贴程序，因此，烫印天线的生产流程仅仅为烫印和封装两个环节。

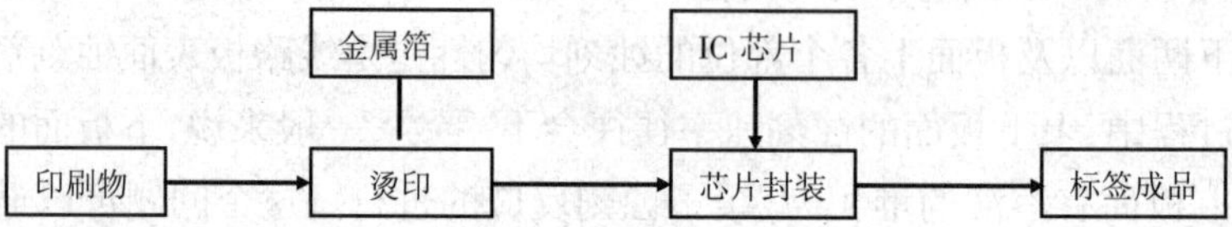

图 2-5 RFID 标签天线烫印法制作流程图

3）导电性好

在纯金属材料中，银的导电率为 100%，铜为 90%，铝为 60%。冷烫印工艺中铝箔以导线的形式黏附在基材表面，导电性相对较好，如果增加烫印铝箔的厚度，其标签上印制天线的导电性也会增加。如果铝箔的导电率不够，也可以采用铜箔。铜箔与电化铝箔制作工艺相同，成本增加不大。烫印法制作天线的导电性基本上能达到 RFID 标签的要求。

4）精细程度高，产品美观

由于黏合剂的上胶采用普通的柔版印刷技术，分辨率通常在 60 l/cm 左右，精细印刷可达 80 l/cm，铝箔黏合和排废过程线条变化不大，因此可以达到天线印制的要求。

在需要烫印的部位印刷特种黏合剂（UV 固化黏合剂），而后通过 UV 干燥装置将黏合剂中的水分去除到一定程度，形成一层高黏度的、非常薄的压敏胶；然后，开始冷烫印，在一对金属滚筒的作用下，使金属箔同黏合剂接触并压合为一体。由于黏合剂同铝箔之间黏结力大，所以排废时铝箔与黏合剂接触的部位留在基片表面，与基片成为一体，而铝箔的其他部分则同传统烫印一样排废，从而完成 RFID 标签天线的制作过程。

3. 导电油墨印刷法

用导电油墨印刷法制作 RFID 天线，替代传统的压箔法或蚀刻法，是近年来的发展趋势。这种方法具有两个明显的优点。首先，用传统的压箔法或蚀刻法制作的金属天线，工艺复杂，成品制作时间长，而应用导电油墨印刷天线则省去了覆箔、印刷抗蚀油墨、蚀刻、去除抗蚀油墨层等众多工序，采用丝网印刷、凹版印刷等直接将导电油墨按照天线设计的图案印刷在基材表面，快速高效。与传统的蚀刻法相比，它不仅大大地缩短了生产流程，降低了成本，还减少了生产过程对环境的污染，是印刷天线和电路中多快好省的首选方法。目前导电油墨已开始取代各频率段的蚀刻天线，如超高频段（860 ~ 950 MHz）和微波频段（2450 MHz），用导电油墨印刷的天线可以与传统蚀刻的铜天线相比拟，此外导电油墨还用于印制 RFID 系统中的传感器及线路印刷。其次，用传统的压箔法或蚀刻法制作的金属天线要消耗金属材料，成本较高，而导电油墨的原材料成本要低于传统的金属天线，这对于降低智能标签的制作成本有很大的意义。导电油墨印刷法的工艺流程见图 2-6。

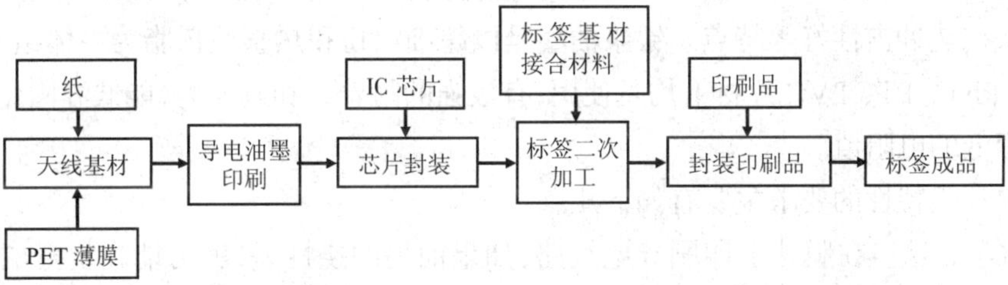

图 2-6　RFID 标签天线导电油墨印刷法制作流程图

1）导电油墨的性能及组成

导电油墨是一种特种油墨，它是在 UV 油墨、柔版水性油墨或特殊胶印油墨中加入可导电的载体而制成的具有导电性能的油墨。导电油墨主要由导电材料、黏合剂、溶剂和助剂组成。

（1）导电材料。导电材料主要有金属粉末、金属氧化物粉末及一些非金属粉末等，它是构成导电油墨的主要材料，其性质和数量决定油墨的导电性大小，因此，对导电涂料的导电性研究，主要在导电材料上下功夫。

（2）黏合剂。黏合剂也称连接剂，是组成导电油墨的主要成膜物质，主要有天然树脂、合成树脂、光敏树脂及碱金属硅酸盐等。黏合剂一般属于绝缘体，有时为了比较其导电性，分别取种类不同、质量相同的黏合剂引入同量的导电材料制成导电油墨。不同种类的黏合剂，即使采用相同品种、相同数量的导电材料所制得导电涂层的导电率也是不同的。提高导电性主要从选择导电材料和变更填充量入手；黏合剂的选择主要从使用对象所要求的物化性能入手。在满足性能的前提下，一般采用电阻变化小、稳定性高的黏合剂，导电粒子在黏合剂中分散性好,移动性小,导电误差小。导电材料填充料和黏合剂基料的配合比例是非常重要的,如果黏合剂用量远远超过了导电材料,墨膜固化后,导电材料不能连结成链状排列,即使有导电性,也是不稳定的;相反,当导电材料加入量超过临界体积浓度时,也不能得到导电性好的导电墨膜。例如,以银粉为导电材料,含银量在 70%~90%(体积比为 20%~50%)是适宜的。当银含量小于 70% 时,电阻率的变化不稳定;当含量大于 90%,电阻率反而升高。

(3)溶剂。溶剂主要有芳烃、醇、酮、酯及醇醚等。溶剂的作用是溶解黏合剂树脂,因此溶剂必须具有能溶解黏合剂树脂的能力,但是溶剂不能使导电材料的导电性变得不稳定,从而降低墨膜的物理化学性能。此外,对于溶剂的选择还要考虑溶剂挥发速度对印刷适性的影响。

(4)助剂。助剂主要有分散剂、流平剂、增稠剂、增塑剂、润滑剂及金属导电材料的防氧化剂等。一般来说,油墨助剂加入量过多会对导电性产生不良影响,在满足性能的前提下以少量为宜。

2)对导电油墨性能的要求

导电油墨按导电材料的性质可分为无机系和有机系,此外,还有一些新型的和应用高新技术生产的导电油墨,如纳米导电油墨、炭黑聚合物油墨、复合导电云母粉油墨及新型环氧树脂防静电涂料油墨等。目前在导电油墨印刷中主要使用无机系导电油墨,主要有碳浆、银浆等导电油墨。碳浆油墨是一种液型热固型油墨,成膜固化后具有保护铜箔和传导电流的作用,具有良好的导电性和较低的阻抗;它不易氧化,性能稳定,耐酸碱和化学溶剂的侵蚀;具有耐磨性强、抗磨损、抗热冲击性好等特点。银浆油墨是以超细银粉和热塑性树脂为主体组成的一种液型油墨,在 PET、PT、PVC 片材上均可使用,有极强的附着力和遮盖力,能低温固化,有可控的导电性和很低的电阻值。

对导电油墨特性的要求主要有如下几点。

(1)耐弯曲性。在膜片上印刷导电线路,如果油墨的挠性差,就可能在折弯的地方折断,或者即使没折断也会因电阻值的增大而不能使用。

(2)黏着性。以聚酯薄膜为基材的油墨黏着强度,一般利用胶带试验来判定。

(3)电阻率。要求油墨本身的电阻率越低越好,用同一种目号的丝网(形成同样的膜厚)印刷时,电阻率低的油墨是比较有利的。

(4)粒度分布。粒度分布指导电粒子的分布状态。导电粒子的粒度越微细,则黏合剂和粒子的分布状态越好,并且由于印版上的油墨延伸性好,所以被覆面积也就大。

(5)干燥条件。干燥条件是指抗导电油墨完全固化所必需的干燥时间和干燥温度。低温干燥型油墨可减少工时,提高生产率。

(6)印刷适性。目前印刷适性最好的导电油墨是银浆导电油墨,印刷后放入远红外炉在 120 ℃下固化 1 min,放入间歇式操作炉固化 30 min;用防止银(离子)迁移的护膜油墨印刷,在远红外炉中 12 ℃下干燥 2 min。

3)使用导电油墨时应注意的问题

使用导电油墨时应注意以下几方面。

(1)充分搅拌油墨。油墨是由导电粒子粉末与黏合剂混合的分散胶体。分散胶体如果长期放置，导电粒子和黏合剂会逐渐分离。因此，在使用油墨前必须进行充分搅拌，使整罐油墨无论上层还是下层都完全满足设计的配比要求。同时，要保证导电油墨中导电浆料具有高黏度和一定的触变性。如果搅拌不充分，油墨电阻率会产生偏差，所以，在使用前将油墨搅拌 10 min 左右。此外，储存导电油墨时一般要将储存容器密封并且在低温干燥环境下储存。在使用前至少要提前 4 h 从低温环境中取出，让其恢复到室温后再使用。

（2）注意稀释。为了调整导电油墨的黏稠度，需要对其进行稀释，如稀释比例掌握不当，则印制的成品的电阻将与预想的不符，所以必须严格控制黏稠度调整剂的稀释比例。使用稀释剂的目的在于减缓印版上油墨的干燥速度，避免发生网孔堵塞。稀释一般使用乙氧基乙酸和丁基溶纤剂乙酸酯等几种混合溶剂。

（3）干燥固化。由于导电油墨的印刷产品多是比较精细的高新技术产品，要求的印刷质量都比较高，充分固化是非常重要的。因为导电油墨在流动状态时，几乎没有电流通过，随着涂层干燥、硬化才变得具有导电性。例如单组分丙烯酸树脂或者乙烯类树脂组成的常温固化涂料，随着硬化的进行，电阻值减小，因为随着交联固化，分散粒子的接触概率增加。同样，热固化导电油墨也是随着树脂固化，导电材料的链状连接变得越来越强，从而电阻值也减小。事实上，导电银浆中各种溶剂与助剂的存在，都对电阻率有一定的影响，主要依靠热风干燥使其挥发。导电油墨按干燥固化条件的不同可分为低温干固型、高温烧结型和紫外线或电子束固化型三大类。

（4）剩余油墨的储存和使用。每次印刷完成后，剩余的导电油墨应从网版上取下，盛放在单独的、干净的容器中，避免污染未用的油墨。由于网版运行类型和长度的不同，旧油墨将有不同的液态容量和流变能力，因此在下次印刷时要先用上次用剩的油墨。如印刷适性不好，印刷时可在旧油墨中适当地添加溶剂和新油墨以调整印刷适性，但添加溶剂必须适量，一般控制添加量不超过推荐的溶剂的质量的 5%。添加溶剂最好的方法是用科学的设备计算溶剂量，严格测量现有固含量，计算出溶剂的损耗量，然后基于精确的质量损失添加溶剂。同时通过核实油墨沉积和电阻持续匹配鉴定值，来确定印刷和油墨的质量。适于导电油墨丝网印刷的较好丝网是镍箔穿孔网，它是由镍箔钻孔而成的一种高技术丝网（箔网），网孔呈六角形，也可用电解成形法制成圆孔形。整个网面平整匀薄，能极大地提高印迹的稳定性和精密性，用于印刷导电油墨、晶片及集成电路等高技术产品效果较好，能分辨 0.1 mm 的电路线间隔，定位精度可达 0.01 mm。

目前 RFID 天线的制作主要采用金属蚀刻法、导电油墨印刷法和烫印法。三种方法各有特色，相对来说前两种方法的技术工艺较为复杂，成本也相对较高，而用烫印的方法制作天线，技术工艺简单成熟，生产成本较低。

习题 2

2-1　说明电磁波产生的基本原理。

2-2　什么是天线？对天线性能的要求有哪些？

2-3 简述磁场耦合式天线的基本工作原理和主要参数。

2-4 RFID 天线的工作频段有几个？典型的工作频率有哪些？

2-5 RFID 天线设计要点主要有哪些？试分别说明。

2-6 简述 RFID 天线的设计流程。

2-7 蚀刻法制作 RFID 标签天线应注意哪些问题？

2-8 冷烫印制作 RFID 标签天线的主要特点有哪些？

2-9 用导电油墨印刷法制作 RFID 天线有哪些优点？

第3章 RFID电子标签

电子标签是RFID系统中存储可识别数据的电子装置,通常安装在被识别对象的表面,存储被识别对象的相关信息。在电子标签中存储的信息可以由阅读器以无线电波的形式非接触地自动采集到系统中,进而进行信息的相关处理。

电子标签便于大规模生产,且维护成本低。电子标签具有多种不同的设计、形状、大小和工作频率,这些取决于标签所附着物体的物理属性和特定的应用场合。由于电子标签具有防水、防磁、耐高温、使用寿命长、读取距离大、标签上的数据可以加密、存储数据容量大、存储信息可更改等优点,因此其在商品流通、物流管理和众多与百姓生活密切相关的领域得到了广泛的应用。

但是,要想让电子标签得到更广泛的应用,还需要解决几个方面的问题。首先,电子标签使用起来必须更加方便;其次,电子标签和读写器的成本必须降低;最后,要大力推动技术的发展以便处理由标签生成的海量信息。射频识别技术要想在对信息有保密要求的领域展开应用,还面临着信息安全方面的问题,射频识别系统的验证机制也存在严重的安全缺陷。

本章首先对电子标签的基本组成、功能以及分类进行介绍,分析电子标签的工作原理,在此基础上进一步介绍电子标签芯片的设计及制造技术和电子标签的封装形式,最后,对电子标签的发展趋势及挑战进行分析。

3.1 电子标签的基本组成及功能

电子标签是RFID系统真正的数据载体,每个标签具有唯一的电子编码,附着在目标对象上。电子标签一般由耦合元件(天线)及芯片组成,如图3-1所示。天线是电子标签发射和接收无线电信号的装置,在图3-1中以简单的电偶极子天线和磁偶极子天线表示。通常,在频率较低时,采用的是磁偶极子天线,天线只在近区场(感应场)工作。芯片是电子标签的核心部分,由微处理器、存储器、整流电路(AC/DC)及编解码电路等部分组成,它的作用包括标签信息的获取和存取、标签接收信号的处理和标签发射信号的处理。天线通过芯片上的两个触点与芯片相连。天线的设计是在已知芯片两触点输出阻抗的情况下,获得与芯片的最佳匹配,从而可以获得读写器与标签之间的最大识别距离。

RFID标签最基本的功能有三个:第一,能以某种方式贴附到一个物品上;第二,具有一定的存储容量,可以存储被识别物品的相关信息;第三,能通过某种频率以一定方式实现信息通信,即能由读写器识读其中的内容。

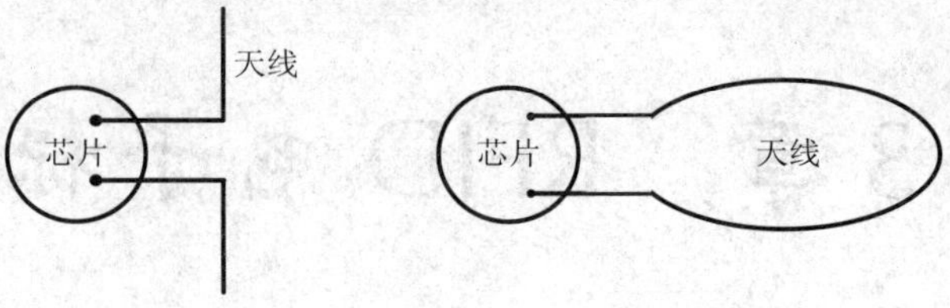

(a) (b)

图 3-1 RFID 中电子标签的结构示意图

（a）电偶极子天线 （b）磁偶极子天线

除此之外，不同的标签还可能提供如下一些功能。

（1）写一次。有的标签是制造时在工厂永久性写入数据，但“写一次”标签可以由最终用户写一次数据，此后数据就不能改变了。

（2）写多次。有的标签能够多次写入新的数据，覆盖以前的数据。

（3）灭活/废止。这两个词意思相同，是指有的标签能接收读写器的“灭活”命令，然后永久性停止自己的功能，再也不响应读写器了。

（4）防冲突。当多个标签处于一个读写器范围内时，读写器可能难以区分多个标签的响应，而防冲突标签能通过等待机制轮流响应读写器。

（5）安全和加密。有的标签能进行加密通信，而有的标签需要得到口令才能提供数据。

（6）对标准的兼容性。一个标签可能遵从一个或多个标准，如果支持多个标准，就能适用于不同的读写器。

3.2 电子标签的分类

电子标签的分类是 RFID 系统分类的基础，根据不同的应用需求，电子标签有很多种不同的表现形式。

1. 根据封装形式的不同分类

根据封装形式的不同标签可分为信用卡标签、线形标签、纸状标签、玻璃管标签、圆形标签以及特殊用途的异型标签等。

2. 根据标签的供电形式的不同分类

根据标签的供电形式的不同可将其分为有源标签和无源标签。有源标签使用标签内电池的能量，识别距离较长，可达几十米甚至上百米。但由于有电池，它的寿命有限，成本也比较高，并且标签的体积比较大，无法制成薄卡（比如信用卡标签）。无源标签不含电池，它利用耦合的读写器发射的电磁能量作为自己的能量，重量轻、体积小，寿命可以非常长，很便宜，可以制成各种各样的薄卡或挂扣卡。但它的发射距离受到限制，一般为几十厘米到几十米，并且需要比较大的读写器发射功率。

3. 根据标签的数据调制方式的不同分类

根据标签的数据调制方式的不同可将其分为主动式、被动式和半主动式。一般来讲，无源系统为被动式，有源系统为主动式或半主动式。主动式射频系统用自身的射频能量主动地发送数据给读写器，调制方式可为调幅、调频或调相。被动式射频系统，使用调制散射的方式发射数据，它必须利用读写器的载波来调制自己的信号，在门禁或交通的应用中比较适宜，因为读写器可以确保只激活一定范围内的射频系统。在有障碍物的情况下，采用调制散射方式发射数据时，读写器的能量必须保证足以来去穿过障碍物两次。而主动方式的射频标签发射的信号仅穿过障碍物一次，因此以主动方式工作的射频标签主要用于有障碍物的射频识别中，数据传输的距离更远。

在实际应用中，必须给标签提供能量，标签才能工作。主动式标签内部自带电池进行供电，它的电能充足，工作可靠性高，信号传送距离远。主动式标签的缺点主要是标签的使用寿命受到限制，而且随着标签内部电力的消耗，数据传输的距离会越来越短，从而影响系统的正常工作。也就是说，主动式标签的工作性能相对于某个时间段是稳定的。

被动式标签内部不带电池，要靠外界提供能量才能正常工作。被动式标签产生电能的典型装置是天线和线圈。当标签进入系统的工作区域时，天线接收到特定的电磁波，线圈就会产生感应电流，在经过整流电路（AC/DC）时，激活电路上的微型开关，给标签供电。被动式标签具有长久的使用期，常用在标签信息需要每天读写或频繁读写的地方，而且被动式标签支持长时间的数据传输和永久性的数据存储。被动式标签的缺点主要是数据传输距离比主动式标签短，因为被动式标签依靠外部的电磁感应供电，它的电能比较缺乏，数据传输的距离和信号的强度就受到了限制，需要敏感性比较高的信号读写器才能识别。

半主动的 RFID 标签系统也称为电池支援式反向散射调制系统。半主动标签本身也带有电池，但只对标签内部数字电路供电，标签并不通过自身的能量主动发送数据，只有被读写器的能量“激活”后，才能通过反向散射调制方式传输自身的数据。

主动式标签和被动式标签的比较如表 3-1 所示。

表 3-1　主动式标签和被动式标签的比较

项目	主动式标签	被动式标签	项目	主动式标签	被动式标签
能量来源	电池供电，可持续	外在电磁感应提供	信号强度要求	低	高
工作距离	可达 100 m	可达 3~5 m，一般为 20~40 cm	价格	高	低
存储容量	16 kB 以上	通常小于 128 bit	工作寿命	2~4 年	更长

4. 根据工作频率的不同分类

根据标签工作频率的不同可将其分为低频标签、中高频标签、超高频标签与微波标签。

1）低频标签

低频段射频标签（简称“低频标签”），其工作频率范围为 30~300 kHz。低频标签典型的工作频率有两种：125 kHz 和 133 kHz。低频标签一般为无源标签，其工作能量通过电感耦合方式从读写器耦合线圈的辐射近场中获得。低频标签与读写器之间传送数据时，需位于读写器天线辐射的近区场内。低频标签的阅读距离一般情况下小于 1 m。

低频标签主要用在短距离、低成本的应用中。低频标签的典型应用有动物识别、容器识别、工具识别及电子闭锁防盗（带有内置电子标签的汽车钥匙）等。与低频标签相关的国际标准有 ISO 11784/11785（用于动物识别）和 ISO 18000-2（125~135 kHz）。

低频标签有多种外观形式，应用于动物识别的低频标签外观有项圈式、耳牌式、注射式及药丸式等，典型应用的动物有牛和信鸽等。

低频标签的优势主要体现在：标签芯片一般采用普通的 CMOS 工艺，具有省电、廉价的特点；工作频率不受无线电频率管制约束；可以穿透水、有机组织、木材等；非常适合近距离、低速度、数据量要求较少的识别应用（例如动物识别等）。

低频标签的劣势主要体现在：标签存储数据量较少；只能适合低速、近距离的识别应用；与高频标签相比，标签天线匝数更多，成本更高一些。

2）中、高频标签

中高频段射频标签（简称"中高频标签"）的工作频率一般为 3~30 MHz，典型工作频率为 13.56 MHz。该频段的射频标签，从射频识别应用角度来说，其工作原理与低频标签完全相同，即采用电感耦合方式工作。根据无线电频率的一般划分，其工作频段又为高频，所以常将其称为高频标签。鉴于该频段的射频标签可能是实际应用中最大量的一种射频标签，为了便于叙述，我们将其称为中频射频标签（简称"中频标签"）。

中频标签一般采用无源标签，其工作能量同低频标签一样，也是通过电感（磁）耦合方式从读写器耦合线圈的辐射近场中获得。标签与读写器进行数据交换时，标签必须位于读写器天线辐射的近区场内。中频标签的阅读距离一般情况下小于 1 m。

中频标签可以方便地做成卡状，典型应用包括电子车票、电子身份证及电子闭锁防盗（电子遥控门锁控制器）等。相关的国际标准有 ISO 14443、ISO 15693、ISO 18000-3（13.56 MHz）等。

3）超高频与微波标签

超高频与微波频段的射频标签（简称"微波射频标签"），其典型工作频率为 433.92 MHz、862（902）~928 MHz、2.45 GHz 及 5.8 GHz。微波射频标签可分为有源标签与无源标签两类。工作时，射频标签位于读写器天线辐射场的远区场内，标签与读写器之间的耦合方式为电磁耦合。读写器天线辐射场为无源标签提供射频能量，将有源标签唤醒。相应的射频识别系统阅读距离一般大于 1 m，典型情况为 4~6 m，最大可达 10 m 以上。读写器天线一般为定向天线，只有在读写器天线定向波束范围内的射频标签才可被读写。

5. 根据标签的可读写性分类

1）只读标签

这是一种最简单类型的标签，通常它内部只有只读存取器用来存储标识信息，并且 EPC 是由制造商在制造过程中写入的，此后不可更新。这种类型的标签也被用来做成一种称为电子防盗器 / 电子物品监视器的标签，这些标签没有 ID 号，它们在通过读写器的时候，能够被读写器发现并捕获。

2)一次写入只读标签

这种标签内部只有只读存储器(ROM)和随机存储器(RAM)。ROM 用于储存发射器操作系统程序和安全性要求较高的数据,它与内部的处理器或逻辑处理单元完成内部的操作控制功能。只读标签 ROM 中还存储了标签的标识信息,这些信息在标签制造过程中由制造商写入,也可以由用户自己写入,但是一旦写入就不能修改了。

3)读写标签

这是一种非常灵活的标签,用户可以通过访问标签存储器对这种标签进行读写操作。它的内部含有可编程记忆存储器,这种存储器除了有存储信息的功能外,还可以在适当的条件下由用户写入数据。例如 EEPROM(电可擦写可编程只读存储器)就是比较常见的一种,这种存储器可以在加电的情况下,实现对原来数据的擦除和数据的重新写入。

4)利用片上传感器实现的可读写标签

这种标签包含有一个片上传感器,用户可以记录参数(例如温度、压力、加速度等)并写入标签存储器(通常是可编程记忆存储器,如 EEPROM)。因为这种标签的工作环境并不在读写器的作用范围之内,因此必须是主动式或半主动式的。

5)利用收发信机实现的可读写标签

这种标签类似于一个小的发射接收系统,可以和其他标签或者器件进行数据通信,而不要读写器的参与,并把相关信息通过可编程的方式写入自身的可编程存储器中。它们通常都是主动式的。

以上五种类型标签的分类比较如表 3-2 所示。

表 3-2　五种类型标签的分类比较

RFID 标签的类型	实例	存储器类型	供电形式	应用
1	EAS/EPC	无(EAS)	无源	身份识别、防盗
2	EPC	只读	任意	身份识别
3	EPC	可读写	任意	数据采集
4	标签传感器	可读写	半有源 / 有源	传感器
5	智能灰尘	可读写	有源	无人监控系统

6. 按照作用的距离进行分类

(1)密耦合标签。作用距离小于 1 cm 的标签被称为密耦合标签。

(2)近耦合标签。作用距离大约为 15 cm 的标签被称为近耦合标签。

(3)疏耦合标签。作用距离大约为 1 m 的标签被称为疏耦合标签。

(4)远距离标签。作用距离从 1 m 到 10 m,甚至更远的标签被称为远距离标签。

3.3 电子标签的工作原理

目前，RFID 电子标签的工作频率主要集中在低频(LF)、高频(HF)、超高频(UHF)和微波频段。标签与读写器之间的数据通信一般通过电感耦合和电磁反向散射耦合两种耦合方式进行,这两种方式采用的频率不同,工作原理也不同。

(1)电感耦合。电感耦合使用感应磁场进行能量传递和数据交换,它和变压器的工作原理相同。读写器天线产生一个电磁场,标签线圈通过该电磁场感应出电压,为标签工作提供能量。从读写器到标签的数据传输是通过改变传输场的一个参数(幅度、频率或者相位)来实现的。从标签返回的数据传输通过改变标签天线上的负载阻抗来实现。该耦合方式适用于近场耦合,用于中、低频工作的近距离射频识别系统,典型的工作频段有 125 kHz、225 kHz 和 13.56 MHz,识别距离小于 1 m,典型作用距离为 10~20 cm。

(2)电磁反向散射耦合。电磁反向散射耦合利用雷达原理模型,发射后的电磁波碰到目标后被反射回来,同时带回目标信息,依据的是电磁波的空间传播规律,主要用于 UHF 频段和微波频段。

3.3.1 LF、HF 频段标签工作原理

在 LF 和 HF 频段的读写器天线和标签天线主要采用电感耦合的方式来传递能量和信息,天线的工作原理等效为 LC 谐振电路,为了使从读写器传输到标签的能量最大化,需要将谐振回路精确调谐在谐振频率上(例如 HF 的 13.56 MHz),读写器和标签之间的通信是指读写器将要传输的数字基带信号通过幅度调制变成调幅波传输给标签。标签的内部电路能够检测到接收到的已调信号,并且从中解调出原始的基带信号。读写器因为有电源供应能量,所以具有传输和调制信号的能力,但是一个被动式(无源)标签则是通过电感耦合的方式把信号反馈给读写器。在电感耦合(变压器模型)中,如果二次侧的阻抗发生变化,那么一次侧的电压或电流也会产生相应的变化。电感耦合的标签和读写器之间的通信就是基于这一原理来实现的,标签天线通过其内部的芯片来改变接收天线的阻抗,从而不断地调整频率,使反馈回的信号频率和读写器的发射频率一致。但是,实际情形远比简单的物理模型要复杂。对于被动式标签,它反馈信号的强度毕竟有限,如果反馈的信号频率和读写器的频率一致,那么必然会导致反馈的微弱信号被读写器的发射信号覆盖,从而导致读写器不能检测到反馈回的信号。为了解决这一问题,通常并不是简单地使反馈信号的频率和读写器的频率一致,而是通过一个标签内部电路对反馈信号进行一定的调制,达到频谱搬移的目的,在读写器端只需检测到搬移后的边带即可,如图 3-2 所示。图中 f_c 为中心工作频率,该 HF 频段 RFID 系统满足 ISO 15693 标准,载波为 423 kHz。

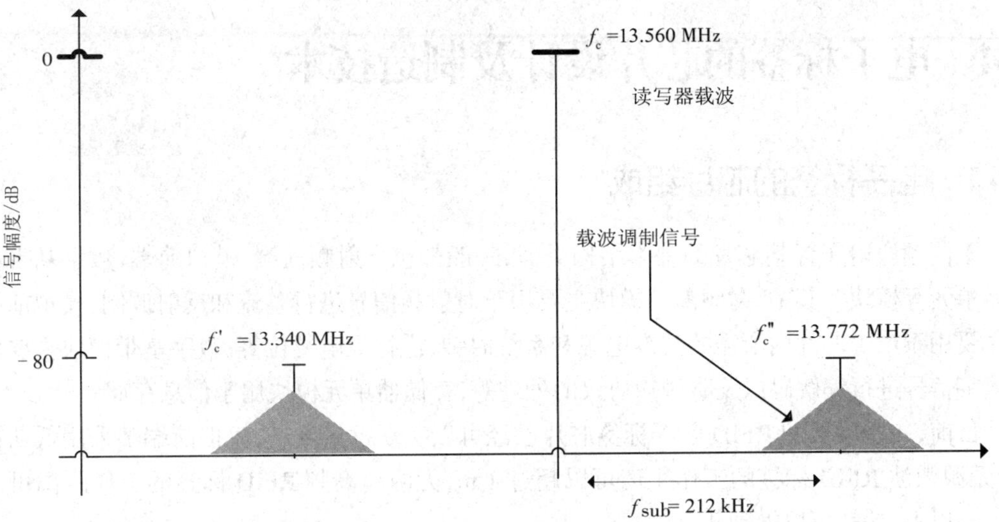

图 3-2 将反馈信号进行频谱搬移后的边带信号

3.3.2 UHF 以及微波频段标签工作原理

工作在 UHF 或者更高频段的被动式标签利用的是与 LF、HF 相同的调制原理,同样也是从读写器获得能量和信息。所不同的是,它们的能量转移方式(即标签获得能量的方式)不同。前面已经提到天线远场辐射问题,所谓远场就是电磁理论中电场和磁场分量同时在导体(天线)中作用(相互激发),然后以电磁波的形式传播到自由空间去的场。基于这一点,在 UHF 这种工作模式下,就没有利用类似于 HF 频段电感耦合的可能性,因为标签天线已经不在近场的作用范围内了。远区场中这种电磁波的传播是基于电波传播理论的。在一些传输体系中,例如传输线(同轴电缆),这种电磁波的传输是要尽可能限制的,因为它会带来额外的能量损耗。但是在天线传输体系中,却刚好相反,电磁波的传输是受到激励的。当电磁波遇到标签的天线时,一部分能量被标签吸收用来对内部芯片进行供电,另一部分能量通过电磁反向散射的方式被反射回读写器。在远场情形中,标签天线一般为偶极子天线,理论计算表明,为了达到最大的能量传输效率,偶极子的长度须等于 $\lambda/2$(λ 为波导波长),在 UHF 频段大约为 16 cm。实际上,一般偶极子天线是由两个 $\lambda/4$ 长度的天线构成的,如果不能满足这一尺寸,将会对传输性能产生巨大的影响。

类似于低频标签天线利用电感耦合, UHF 标签天线也不能独立地进行能量传输。从标签到读写器的通信,也是通过天线实时地改变它的输入阻抗来完成的。当天线输入阻抗改变时,反射回的信号信息就会改变,这样,标签便把要传输的信息传给读写器,实现了设备间的通信。

与 UHF 和微波频段系统不同,LF、HF 系统的射频场不会被水和人体生物组织等吸收,因此它的鲁棒性更强,水和潮湿空气等对其的影响可以忽略。电磁反向散射耦合这种方式,现在还存在很多问题需要解决,所以它的应用远不如 HF 中的电感耦合那么广。一个最严重和最需要解决的问题就是从读写器发出的读写信号,不仅会被标签天线反射,而且会被任意波长和波长满足一定尺寸关系的物体反射。这些反射信号会减弱甚至抵消远场的电磁信号。

3.4 电子标签的芯片设计及制造技术

3.4.1 电子标签的芯片组成

不同频段电子标签芯片的基本结构类似，一般都包含射频前端、模拟前端、数字基带和存储器单元等模块。其中，射频前端模块主要用于对射频信号进行整流和反射调制；模拟前端模块主要用于产生芯片内所需的基准电源和系统时钟，进行上电复位等；数字基带模块主要用于对数字信号进行编解码以及防碰撞协议的处理等；存储器单元模块用于信息存储。

目前，一些频段的RFID电子标签芯片已经可以实现批量生产，模拟前端多采用低功耗技术，无源微波RFID标签的工作距离可以超过1 m，无源超高频RFID标签的工作距离可以达到5 m以上，功耗可以做到几个微瓦。

1. 射频前端

射频前端从标签天线吸收电流，整流稳压后作为电源供应芯片。设计时必须综合考虑与天线的匹配问题、功率和电压的效率问题、对来自读写器的不同数据调制度的兼容性问题和电路结构的复杂度问题。为了增加标签的有效工作距离，可以提升输入的直流电压。在一定的输出电流的要求下，限于标签能达到的电路复杂度，电压一般只能提升一倍左右。传统的桥式整流电路会损失两个二极管的正向导通电压，还需另配升压电路；倍压半波整流电路只损失一个二极管的正向导通电压，且已包含升压电路，但需增加一个升压电容。同时，输入交流电压在正、负半周时整流电路处在不同的工作状态，反映至天线输入端的等效内部阻抗也不同，较难实现芯片与天线之间的阻抗匹配。

2. 模拟前端

为了最大限度地降低芯片的功耗，提高电源能量的利用率，除了常规的模拟电路和数字电路低功耗设计方法外，必须在超低电压电路、亚阈值电路及异步电路等方面展开研究。

3. 数字基带

与图3-3所示的典型数字通信系统方框图类似，标签和读写器需要三个主要的功能块：信息信道、发送器和接收器。按从读写器到标签的数据传输方向，它们是读写器（发送器）中的信号编码（信号处理）和调制器（载波回路）、传输介质（信道）以及标签（接收器）中的解调器（载波回路）和信息译码器（信号处理）。反过来由标签到读写器也是相同的。

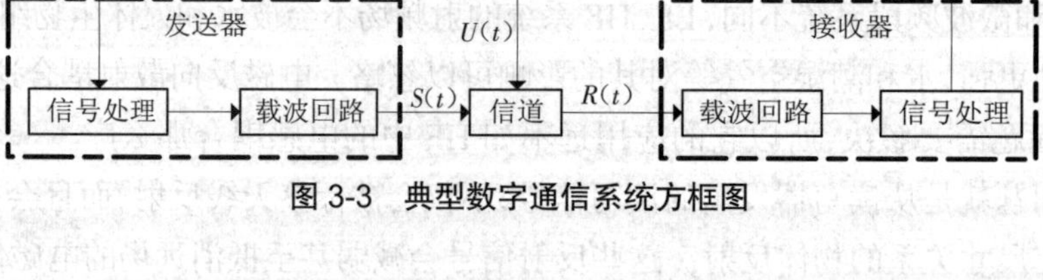

图3-3 典型数字通信系统方框图

信号处理的作用是使传输信息的信号表示尽可能最佳地与传输信道的性能相匹配，这样的处理包括对信息提供某种程序的保护，以防止信息受到干扰或相互碰撞，以及对某些信号特征的蓄意改变或破坏。

调制是改变高频载波的信号处理，使其振幅、频率或相位按规律随基带信号（数字编码信号）的变化而变化。

传输介质的作用是把信息传输一段预定的距离，在 RFID 系统中采用的唯一传输介质是前节所提到的电磁场（电感耦合）和电磁波（电磁反向散射耦合）。

解调是另一种调制过程，用于从高频信号中恢复出基带信号，并识别、标识或纠正传输错误。由于在标签中有信息源，在读写器中同样也有信息源，在两个方向都有交替传输的信息，所以标签和读写器上都有调制器和解调器。

在 RFID 系统中，基带的编码（数字调制）常使用的编码方法有以下几种：反向不归零（NRZ）编码、曼彻斯特（Manchester）编码、单极归零制（Unipolar RZ）编码、差分双相（DBP）编码、米勒（Miller）编码、脉冲位置（PP）编码。基带的编码方式如图 3-4 所示。

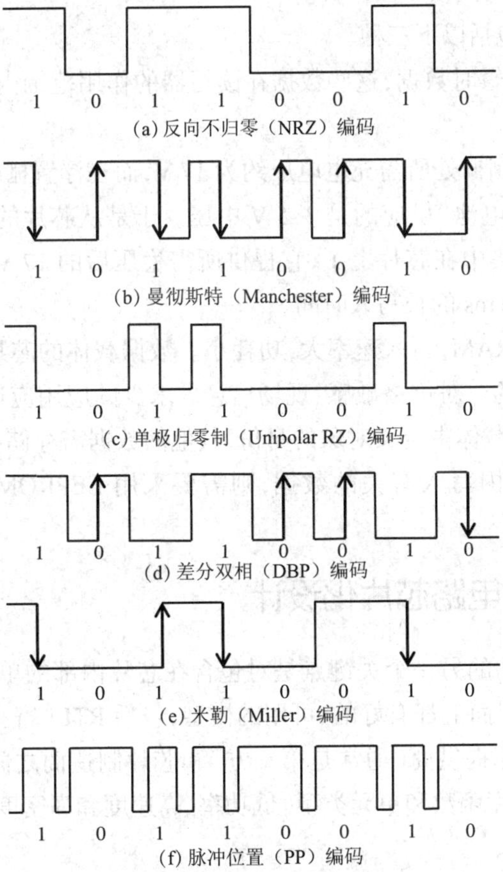

图 3-4　基带的编码方式

NRZ 编码："高"信号表示二进制"1"，"低"信号表示二进制"0"。

Manchester 编码：在 1/2 个 bit 周期的负边缘表示二进制“1”，1/2 个 bit 周期的正边缘表示二进制“0”。Manchester 编码经常用于从标签到读写器的数据传输（在二进制搜索算法中）。

Unipolar RZ 编码：在 1/2 个 bit 周期中的“高”信号表示二进制“1”，而持续整个周期的低信号表示二进制“0”。

DBP 编码：在 1/2 个 bit 周期中的任意边缘表示二进制“0”，而没有边缘就是二进制“1”。此外在每一个 bit 周期开始时，电平都要反向，这样对于接收器来说位节拍信号容易重建。

Miller 编码：在 1/2 个 bit 周期的任意边缘表示二进制“1”，而经过下一个周期中不变的“1”电平表示二进制“0”。如果连续一串“0”，则在“0”bit 周期开始时产生电平交变。

PP 编码：对 PP 编码来说，在下一个脉冲前的暂停持续时间 t 表示二进制“1”，而下一个脉冲前暂停的持续时间 $2t$ 则表示二进制“0”。

4. 存储器

存储器结构因标签的不同而不同，对于只读标签，序列号由几个字节和有关的校验数字组成，而可写入标签的读写访问按字段进行。

常用的存储器技术包括以下三种。

（1）RAM：用于存储暂时数据，这些数据在读写器的作用范围内操作时暂时存在，断电后消失。

（2）EEPROM：在控制栅处所需充电电压约为 17 V，而在浮置栅处降至 12 V，然而，RFID 数据载体从 HF 界面（或电池）供应的是 3~5 V 电压。于是从芯片的低供应电压产生 25 V 电压用的级联充电泵就被集中在芯片上了，它提供所需稳压后的 17 V 电压。EEPROM 缺点是写入时功耗高，以及 5~10 ms 的长写入时间。

（3）FRAM：即铁电 RAM，写入速率大，功耗小。数据载体的芯片大小以及价格的差异主要是由其存储容量决定的。对价格敏感、现场信息需求少的应用应选用固定编码的只读数据载体，但这样只能在数据载体中定义对象的身份，其他的数据需存储在一台主计算机的中央数据库内。如果要向标签内写入有关的数据，则需要采用 EEPROM 或 RAM 存储技术的应答器。

3.4.2 RFID 标签的电路芯片化设计

芯片设计一次性成功的另一个关键点是对包含在芯片内部的单元库和内核的准确建模。单元库必须在几个设计层面上都有好的、可用的模型，包括 RTL（寄存器传输）级、逻辑门级和物理级。成功的建模以库提供商（通常是第三方）和芯片制造商之间的紧密合作为基础。另外，设计者应当有丰富的库函数和单元类型（低功率、高速度和高密度）可供选择。

1. 设计流程

图 3-5 是典型的芯片设计流程，根据芯片设计的复杂度和设计输出要求的不同，设计流程会有所变动。

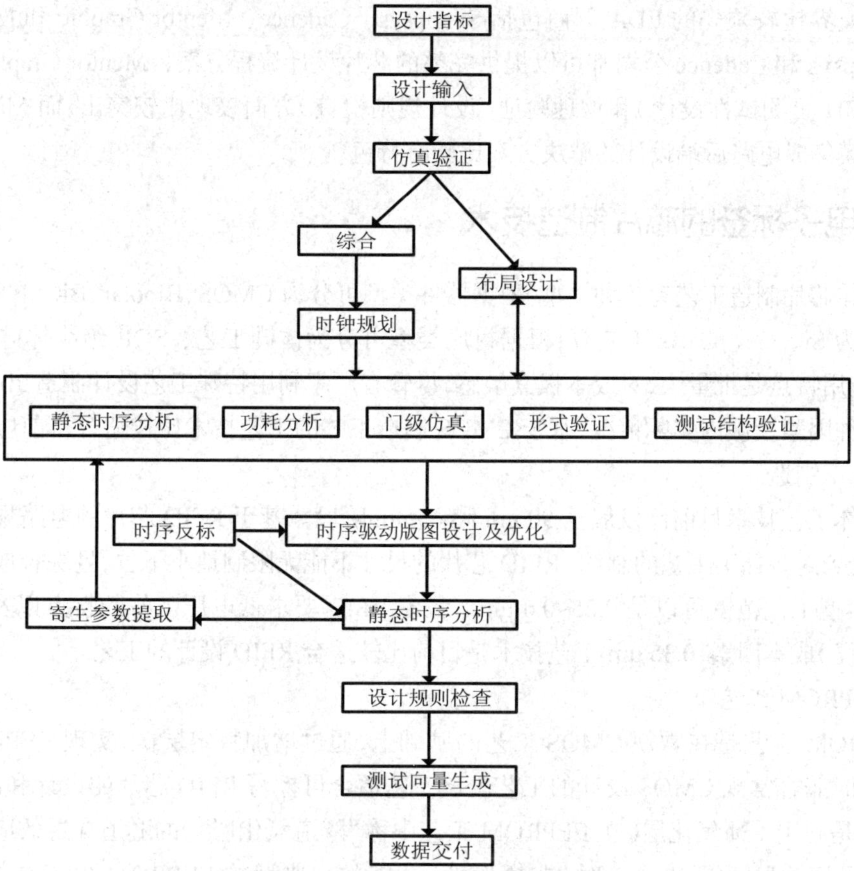

图3-5　典型的芯片设计流程

2. 设计工具

一套好的EDA工具对芯片设计是非常重要的。从顶层来看,这些工具包含了芯片开发的三个领域:前端设计、后端设计和设计验证。前端设计工具将完成从芯片逻辑部分的概念化设计到芯片逻辑门级表示的工作,其中概念化设计由下列任务组成:系统级设计和分析、RTL设计和分析、逻辑综合和优化。前端设计可能也包含一些平面布局的设计,它会对芯片物理实现之前的设计验证有所帮助。后端设计描述了如何使设计结构在芯片上物理实现,关键是芯片的硅内核和库单元的布局和布线。在物理设计期间,布局和布线工具比影响芯片时序的互连寄生效应的前端工具有更加精确的功能。这种能力使得布局布线工具在完成设计优化的同时,也能定义芯片的物理布局。布局布线工具能够帮助设计者应付各种设计约束,比如速度、功耗和硅片面积。后端设计必须使用能够精确反映硅片特性的器件和连线模型,这就需要与正在对那种特定芯片进行工艺处理的制造商保持密切的联系。再次强调,在这个领域中,设计者和硅片制造商之间的合作是非常重要的。在芯片设计期间,涉及设计验证的工作是最耗费时间的,验证将保证芯片满足功能、时序、功率和其他指标的要求。验证用了整个设计大约70%的时间,因为它必须在所有的设计层面上进行,包括系统级、RTL级、逻辑门级和物理级,后面的验证还会涉及选择器件和互连寄生效应的问题。

目前业界比较领先的 EDA 厂商包括 Synopsys、Cadence、Mentor Graphic 和 Magma 等。其中 Synopsys 和 Cadence 公司都可以提供完整的芯片设计流程方案，Mentor Graphic 公司的工具在 DFT（可测试性设计）和物理验证（设计规则检查）方面表现比较突出，而 Magma 公司在超大规模集成电路后端设计的解决方案比较有特色。

3.4.3 电子标签的芯片制造技术

半导体芯片制造工艺有多种类型：根据器件类型可分为 CMOS、Bipolar、BiCMOS 等；根据材料可分为 Si、Ge、GaAs 工艺等；根据衬底类型可分为体硅工艺、SOI（绝缘体硅）工艺等。RFID 的应用特点是批量大，对成本极其敏感，尽管有厂家利用特殊工艺设计制造出相应产品，但综合多种因素及国内实际情况，基于 CMOS 制造工艺的工艺技术比较适合目前应用需求的 RFID 的加工制造。

半导体工艺技术目前已发展至 90 nm 和 65 nm 阶段。基于 RFID 芯片的电路规模往往比较小，且受到封装加工工艺的制约，RFID 芯片的尺寸不能无限制地小下去，且综合成本等因素的考虑，典型工艺范围可以是 0.25~0.6 μm。考虑 RFID 要求低电压工作的特点以及 NRE（非重发性工程）成本因素，0.35 μm 工艺技术是目前比较适合 RFID 设计的工艺。

1. EEPROM 工艺

EEPROM 工艺是在常规 CMOS 工艺的基础上，通过增加特定层次，实现 EEPROM 存储单元并同时兼容常规 CMOS 设计的工艺。该工艺适合可擦写 RFID 芯片的设计和制造。EEPROM 器是利用了薄氧化层（在 EEPROM 工艺中称“隧道氧化层”）的隧道穿透效应来实现高压时“电可擦除”、低压或掉电时“非挥发性”功能的。典型的 EEPROM 单元结构如图 3-6 所示。

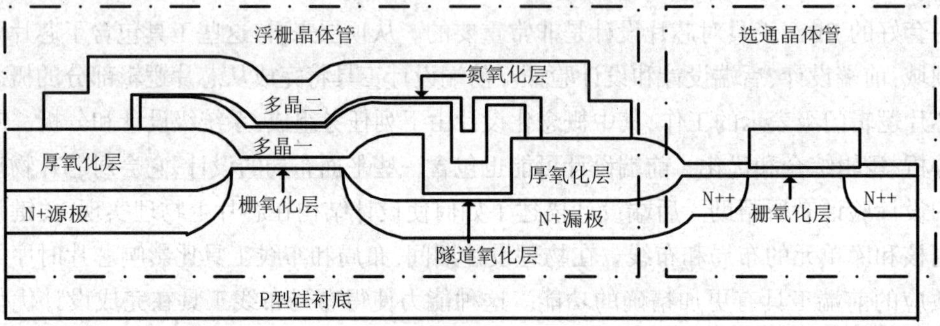

图 3-6 典型的 EEPROM 单元结构示意图

EEPROM 存储单元由一个选通晶体管和一个浮栅晶体管组成，单元面积较大。为实现 EEPROM 单元，制造工艺需要增加较多的额外工艺层次，造成加工成本的上升。EEPROM 工艺适合用于成本较高，可反复擦写应用的 RFID 标签芯片。

2. OTP 工艺

OTP 工艺为一次可编程工艺，目前在常规 CMOS 工艺基础上仅仅增加一个层次即可实现。OTP 工艺适合一次可编程 RFID 产品的设计与制造。由于工艺相对简单，OTP 工艺的加工成本比 EEPROM 工艺有显著下降,可用于低成本、一次性 RFID 产品的开发。

3. 其他工艺技术要求

RFID 通过感应射频信号获取能量,需要在较低的工作电压下工作。为了进一步实现高效的 RFID 性能,在 EEPROM 或 OTP 工艺上可以根据实际情况增加部分工艺技术选项,典型选项包括增加低阈值晶体管或者增加肖特基管等。

3.5 电子标签的封装

3.5.1 封装材质

为了方便使用和保护电子标签的芯片和天线,射频电子标签必须用某种材料进行封装,不同封装材质的电子标签将被应用到不同的场合。按照不同的封装材质,可以将电子标签分成几种不同的类型。

1. 纸标签

电子标签可以被制作为带有自粘功能的纸标签的形式,用来粘贴在被识别的物品上。这种标签的价格比较便宜,一般由面层、芯片线路层、胶层和底层组成。

面层一般由纸构成,纸面上可以印刷公司或使用者的信息,也可以不印刷。芯片线路层和胶层黏合在一起,胶层起到了固定芯片和天线的作用,同时也将电子标签粘贴在被识别物品的表面上。底层则是电子标签在未使用以前的保护层。

成品的电子标签可以是单张的,也可以是连续的纸卷形式。在使用中,将底层撕下,将标签粘贴在被识别物品的表面即可。

2. 塑料标签

塑料标签是采用特定的工艺将芯片和天线用特定的塑料材质封装成不同的电子标签,常用于对机械要求很高的应用中,如博彩筹码、钥匙牌、手表形标签、狗牌及信用卡等。

塑料标签与玻璃标签的组成几乎完全一样,但是它具有较长的线圈,因而也就具有了更远的作用范围。其优点在于能够容纳较大的微型芯片以及汽车工业所要求的机械振动的高承载能力。

常用的塑料材质包括 PVC 和 PSP 材质。塑料材质的电子标签一般包括面层、芯片层和底层。

3. 玻璃标签

玻璃标签常被用于动物跟踪与识别,可用注射器或其他方式植入到动物的皮下,常见形式如图 3-7 所示。玻璃标签一般是将芯片和天线用一种特殊的固定物质(软胶黏剂等)植入到一定大小的玻璃容器中,封装成玻璃标签。在这个只有 12~32 mm 长的小玻璃管里,有一个装在载体上的微芯片以及用于稳定所获得的供应电压的芯片电容器。玻璃标签

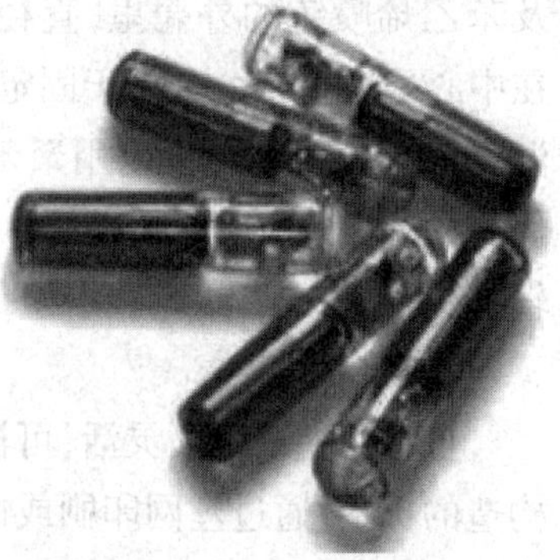

图 3-7 玻璃电子标签

的线圈则是由 0.30 mm 的线材绕在铁氧体磁芯上形成的。

3.5.2 封装形式

根据电子标签应用场合的不同,可以将电子标签封装成不同的形状,使其满足不同的应用需要。下面是电子标签常见的几种封装形式。

图 3-8 信用卡式标签

1. 信用卡与半信用卡标签

信用卡标签和半信用卡标签是电子标签常见的形式,其大小等同于信用卡,厚度一般不超过 3 mm,如图 3-8 所示。

2. 线形标签

常见的线形标签有物流线形标签和车辆用线形标签。其中,物流线形标签如图 3-9 所示。车辆用线形标签主要用于加强车辆在高速行驶中的识别能力,提高识别距离和准确度,其主要是将电子标签封装成特殊的车用电子标签,用铆钉等装置固定在卡车的车架上。这种标签适合用于集装箱等大型货物的识别。

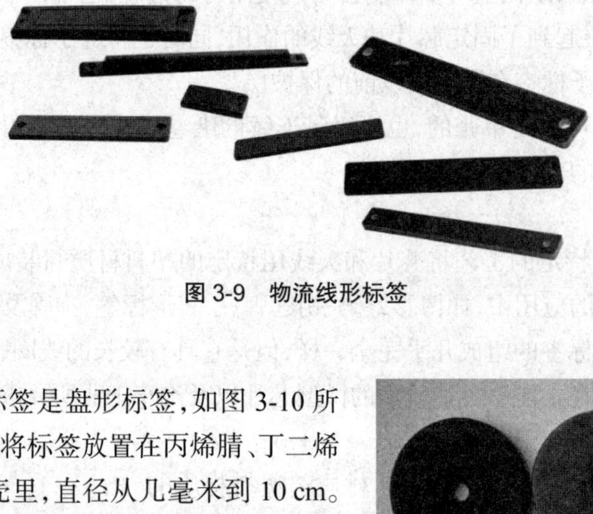

图 3-9 物流线形标签

3. 盘形标签

最常见的电子标签是盘形标签,如图 3-10 所示。盘形电子标签是将标签放置在丙烯腈、丁二烯及苯乙烯喷铸的外壳里,直径从几毫米到 10 cm。在中心处大多有一个用于固定螺丝的圆孔,适用的温度范围较大。也可以用聚苯乙烯或者环氧树脂代替丙稀腈、丁二烯及苯乙烯,但适用的温度范围较小。

图 3-10 盘形电子标签

4. 自粘标签

自粘标签既薄又灵活,可被理解为一种薄膜型构造的标签,通过丝网印刷或蚀刻技术将标签安放在只有 0.1 mm 厚的塑料膜上。这种薄膜往往与一层纸胶黏合在一起,并在背后涂上胶黏剂。

具有自粘能力的电子标签可以方便地附着在需识别的物品上，可以做成具有一次性粘贴或者可以多次粘贴的形式，这主要取决于具体应用的不同需求。

5. 片上线圈

为了进一步微型化，可将电子标签的线圈和芯片结合成整体，即片上线圈。片上线圈是通过一种特殊的微型电镀过程来实现的。这种微型电镀过程可以在普通的互补金属氧化物半导体晶片上进行。这里，线圈呈平面螺旋线直接排列在绝缘的硅芯片上，并通过钝化层中的掩膜孔开口与其下的电路触点接通，这样，可得到宽度为 5~10 μm 的导线。为了保证线圈和芯片结合体中的非接触存储器组件的机械承载能力，最后要用聚酰胺进行钝化。

图 3-11　钥匙扣形电子标签

6. 钥匙扣形标签

电子标签也可集成到用于自动停车的号码器或安全要求很高的门锁系统的机械钥匙中，这些应用中通常使用的都是塑料标签，它们被封装成钥匙扣的形状，如图 3-11 所示。

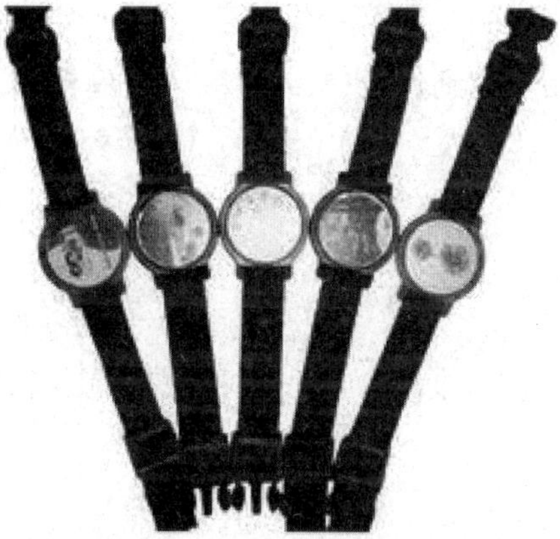

图 3-12　手表形标签

7. 手表形标签

手表形标签具有携带方便、美观实用的特点，一般用于门禁、娱系等射频识别系统中，常见的形式如图 3-12 所示。其一般的形式是手表内有一个印在一块薄印制电路板上并有少量匝数的框形天线。电路板与线圈外壳靠得很近，使得被天线线圈覆盖的面积尽可能地大。

8. 其他标签

除了以上这些主要的结构形式以外，还有一些专门应用的特殊结构标签，不再赘述。

3.5.3　封装加工方法

电子标签主要包括电子数据载体和根据功能造型的壳体，电子标签的制作主要包括芯片技术、模块和天线封装及标签加工三个方面。目前国内已经形成了比较成熟的汇卡模块封装技术。国内部分企业已在电子标签的封装上进行了新的尝试，促进了电子标签成本的进一步降低。

1. 模块制造

微型芯片的生产是根据通用的半导体芯片制造方法进行的。芯片测试结束以后，利用金刚石刀将晶片划开，这样就得到了单个的电子标签芯片。为了防止在划片的过程中各个芯片散落，在划开之前首先在晶片的背面贴上一层塑料薄膜，然后将各个芯片从塑料薄膜上取下，并固定在一个模块内。通过压焊与电子标签的线圈模块连接起来,在芯片周围喷上浇铸物,从而减小芯片破碎的可能性。但是对于体积非常小的芯片,考虑到体积和成本,一般是将线圈压焊在芯片上,而不是把它放置在模块内。

2. 电子标签半成品

接下来是使用自动绕线机制造电子标签的线圈。在所有的铜线上除了覆盖常用的绝缘漆以外,还将涂上一层附加的低熔点烤漆。在绕制过程中,绕制工具会被加热到烤漆熔点的温度,这样,在绕制过程中烤漆就会熔化,并且从绕制工具上取下线圈后它又会快速凝结,从而使电子标签线圈上的线黏合在一起。利用这种方式可以确保在以后的安装工序中电子标签的线圈具有足够的机械稳定度。

电子标签线圈的绕制一旦完成,就利用一部电焊机将线圈的连接处与电子标签模块的连接面焊接在一起。根据以后的成品标签的制作形状来确定电子标签线圈的形状和大小。

对于没有固定到模块中的芯片,也可以使用合适的方法将铜线直接压焊到芯片上。但要求电子标签线圈的导线要尽可能细。

将电子标签线圈的触点接通以后,电子标签就具有了其应具有的电功能。这道工序之后还要进行非接触的功能测试,要将以前工序中受到损坏的电子标签分离出来。此时,尚未加装外壳的电子标签是半成品,经过后续加工以选配不同形状的外壳。

3. 整合成品

在电子标签的最后一道工序中,将电子标签的半成品安装到外壳中,或者装入玻璃桶内。这道工序可以通过喷注、浇注及黏合等方法完成。

3.6 电子标签的发展趋势及挑战

射频识别技术对低功耗电子标签芯片的需求,推动了无源标签、半无源标签技术更趋成熟。电子标签具有以下的发展趋势。

1. 功耗更低、成本更小

开发低功耗的标签可以延长标签的使用时间,从而降低标签的成本。近年来,随着集成电路技术的进步,微型智能 RFID 标签得到了发展。在低功耗 IC 技术方面的突破,为发展小型、低功耗的主动标签创造了条件。

从电子标签的发展来看,电子标签特别是高频、远距离电子标签在未来几年内将逐渐成熟,具有更加广阔的市场前景。同时,标签成本的降低必将进一步推动射频识别技术的应用。

2. 体积更小

在实际应用中,电子标签的体积一般都比被标记的物品体积要小,这就要求能够用于特殊场合的小体积电子标签,以便于电子标签的推广。

3. 作用距离更远

无源射频识别系统的距离限制主要是在电磁波束给标签能量的供应上,故随着低功耗 IC 设计技术的发展,电子标签工作电压进一步降低,所需功耗可以降低到小于 5 μW 甚至更低的程度，这就使得电子标签的作用距离进一步加大，在某些应用环境下可以达到几十米以上的作用距离。

4. 无源可读写性能更加完善

不同的应用系统对电子标签的读写能力和作用距离有着不同的要求，在需要多次改写电子数据的场合，需要进一步完善电子标签的读写能力，使误码率和抗噪性能达到可以接受的指标要求。

5. 适合高速移动物体的识别

对于高速移动的物体，需要提高电子标签和读写器之间的传输速率，以便使高速物体的识别在短时间内完成。

6. 更强的一致性

由于目前电子标签加工工艺的限制，电子标签制造的成品率和一致性并不十分理想，随着加工工艺的提高，电子标签的一致性将得到提高。

7. 更强的智能性，更完善的加密特性

在对安全性要求较高的应用领域，需要对标签的数据进行严格的加密，对通信过程进行加密。这就需要智能性更强、加密特性更为完善的电子标签，使得电子标签能够更好地隐藏自己的信息，防止信息未经授权就被获取。

8. 强磁场下的自我保护能力更完善

电子标签处于读写器发射的电磁场范围内，有可能距离读写器很近，造成电子标签接收到很强的电磁能量，在内部产生很大的电压。为了使电子标签芯片不受损害，必须加强电子标签在强磁场下的自我保护能力。

9. 新的生产工艺

为了降低标签天线的生产成本，人们开始研制新的天线印制技术。其中，导电墨水就是个新的发展方向。利用导电墨水，可以将 RFID 的天线以接近于零的成本印制到产品的包装上。这种方法比传统的金属天线成本低，印制速度快，节省空间，并利于环保。

10. 标签的存储容量更大

在一些需要存储大量数据的应用中，对电子标签的存储容量提出了更高的要求，要求不仅能够存储序列号等基本信息，还要能够存储被标识物品的相关信息。

11. 处理时间更短

现在的电子标签处理时间较长，还不能满足一些需要快速处理的环节。进一步缩短处理时间是电子标签未来发展的趋势之一。

12. 带有附属功能的标签

目前应用中的电子标签，只能实现简单的数据交换。在某些应用领域中，要求标签具有指示功能、自毁功能等，并且能和传感器相连，以此来拓展电子标签的应用领域。

习题3

3-1 RFID电子标签主要包括哪些部分？ 功能有哪些？

3-2 RFID电子标签可以分为哪几类？

3-3 RFID电子标签芯片主要由哪几个部分组成？它们的功能如何？

3-4 RFID电子标签芯片的主要封装形式有哪几种？

第 4 章　读写器

RFID 读写器有各种不同的名称，例如阅读器、查询器、读写头及射频扫描器等，归根到底都是对标签进行读写操作，不同的称谓只是在实际应用中的不同习惯叫法。读写器是读取或写入电子标签信息的设备，具有读取、显示和数据处理等功能。读写器可以单独存在，也可以以部件的形式嵌入到其他系统中，读写器与计算机网络一起，完成对电子标签的操作。读写器的频率决定了射频识别系统的工作频段，同时，读写器的功率直接影响了识别的距离，在射频识别系统中起着举足轻重的作用。

本章对 RFID 读写器的功能、种类及工作原理等进行了介绍，并对低频、高频和超高频三种不同频段读写器的设计及应用进行了探讨，最后，分析了当前 RFID 读写器的发展趋势。

4.1　读写器的功能

在 RFID 系统中，读写器是基本的构成组件之一，可通过计算机应用软件来对电子标签写入或者采集其所携带的数据信息。由于标签的非接触性质，故必须借助位于应用系统和标签之间的读写器来实现数据的读写功能。读写器的主要功能包括以下几个方面。

(1)读写器与标签之间的通信。在规定的技术条件下，读写器与标签之间可以进行通信。

(2)读写器和计算机之间可以通过标准接口（如 RS 232 等）进行通信。读写器可以通过标准接口与计算机网络连接，并提供相关信息，包括读写器的识别码、读写器识读标签的时间和读写器读出的标签信息，以实现多读写器在系统中的运行。

(3)读写器可以在读 / 写区域内实现多标签同时识读，具备防碰撞功能。

(4)读写器可以对固定和移动标签进行识读。

(5)读写器能够校验读 / 写过程中的错误信息。

(6)对于有源标签，读写器能够标识电池的相关信息（如电量等）。

读写器和标签的所有行为均由应用软件控制完成。在系统结构中，应用软件作为主动方对读写器发出读写指令，而读写器则作为从动方只对应用软件的读 / 写指令进行响应。读写器接收到应用系统的动作指令后，回应的结果就是对电子标签做出相应的动作，建立某种通信关系。电子标签响应读写器指令，因而相对于标签来讲，读写器变成指令的主动方。

在 RFID 系统的工作程序中，应用软件向读写器发出读取命令，作为响应，读写器和标签之间就会建立起特定的通信。读写器触发标签，并对所触发的标签进行身份验证，然后标签开始传送所要求的数据。

因此，读写器的基本任务是触发作为数据载体的电子标签，与这个电子标签建立通信联系，并且在应用软件和一个非接触的数据载体之间传输数据。这种非接触通信的一系列任务

(包括通信的建立、防止碰撞和身份验证等)均由读写器来完成。

4.2 读写器的组成

虽然各种读写器在耦合方式(电感或电磁耦合)、通信方式和数据传输方法以及系统频率的选择上存在很大差别,但读写器的功能原理以及由此决定的构造设计都极其相似。读写器的基本构成如图 4-1 所示,它包括控制器、射频模块、天线、显示模块、输出模块、键盘输入模块、数据存储器、程序存储器、接口电路及电源等。

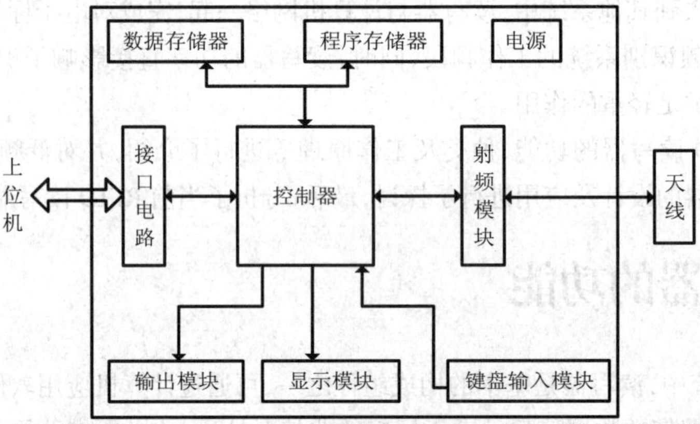

图 4-1 读写器的基本构成图

(1)控制器。控制器是读写器的控制中心,通常它包含微处理器(MPU)和嵌入软件的 SOC 系统。有些读写器的控制系统,将系统软件存放在外部程序存储器中,微处理器内部只放少量的引导程序(启动程序)。

(2)射频模块。射频模块包括发射部分和接收部分。发射部分接收控制器信号,用以调制 UHF 射频载波,经过功率放大,通过天线发射出去;接收部分接收天线收到的调制 UHF 载波反射信号,将信号解调后传送到控制器。

(3)天线。天线的作用是定向地发送 UHF 射频能量和调制的载波信号,接收反射的调制载波信号。发射和接收可采用同一天线,也可分成发射天线和接收天线。

(4)显示模块。显示模块用以显示读写器工作或信息采集的信息。可以采用点阵式 LCD 显示模块、字符式 LCD 显示模块或 LED 显示模块,一般是根据应用环境来选择。

(5)输出模块。其作用是在标签上印刷可视信息。具有打印功能的读写器也称作标签打印机。

(6)键盘输入模块。其作用是输入控制信号和参数。

(7)数据存储器。数据存储器用来存储接收到的标签信息,需要有足够的容量。有些读写器直接和上位机连接,可将接收到的数据传送到上位机,因此无须在读写器中设置数据存储器。设置数据存储器的好处是读写器可以独立工作。

(8)程序存储器。程序存储器用来存储控制程序。目前单片机都有较大的内部程序存储器，因此可以不设置外部程序存储器。

（9）接口电路。接口电路是与上位机的通信接口，常用的外部接口有 RS 232、RS 485、IEEE-488 及 USB 1.0/USB 2.0 等，可根据需要选择。

（10）电源。固定式读写器采用交流 220 V 电源，将其转换成读写器所需的直流电源，称 AC-DC；便携式读写器采用电池电源，将其转换成所需直流电源，称 DC-DC。电源电路中包括电源管理电路。

4.3　读写器的形式

4.3.1　读写器的种类

根据 RFID 系统的不同功能需求和不同设备制造商的生产习惯，读写器具有各种各样的结构和外观形式。

根据不同的标准，读写器有不同的分类。根据天线与读写器模块的连接方式，可以将读写器分为分离式读写器和集成式读写器。分离式读写器通过射频电缆连接，具有可灵活更换不同天线以适应不同应用场合的功能，也方便一个读写器带多个天线，但同时也带来了射频电缆信号衰减问题。而集成式读写器将天线与射频模块集成在一起，减小了设备尺寸，降低了成本，并且便于搬运和运输。它具有安装简便、电缆衰减小等特点。根据读写器的应用场合，可以将读写器分为固定式读写器、OEM 读写器、工业读写器及便携式读写器，其中固定式读写器最为常见。下面按应用场合分类介绍读写器的形式。

1. 固定式读写器

固定式读写器是最常见的一种读写器。固定式读写器是将射频控制器和高频接口封装在一个固定的外壳中构成的。有时，为了减小设备尺寸，降低设备制造成本，便于运输，也可以将天线和射频模块封装在一个外壳单元中，这样就构成了集成式读写器或者一体化读写器。

2.OEM 读写器

为了将读写器集成到用户自己的数据操作终端、BDE 终端、出入控制系统、收款系统及自动装置等，需要采用 OEM 读写器。OEM 读写器是装在一个屏蔽的白铁皮外壳中向用户供货的，也可以是以无外壳的插件板的方式供货。电子连接的形式大致有焊接端子、插接端子和螺丝旋接端子等。

3. 工业读写器

在安装或生产设备中使用时，需要采用工业读写器。工业读写器大多具备标准的现场总线接口，以便容易集成到现有设备中，它主要应用在矿井、畜牧及自动化生产等领域。

此外，读写器还满足多种不同的防护需要，现在即使是带有防爆保护的读写器也能买到。

4. 便携式读写器

便携式读写器是适合于用户手持使用的一类射频电子标签读写设备，其工作原理与其他形式的读写器完全一样。便携式读写器主要用于动物识别，主要作为检查设备、付款往来的设备,服务及测试工作中的辅助设备及用于设备启用式的辅助设备。便携式读写器一般带有LCD 显示屏,并且带有键盘面板以便于操作或输入数据,典型的便携式读写器如图 4-2 所示。通常可以选用 RS-232 接口来实现便携式读写器与 PC 机之间的数据交换。但是,便携式读写器可能会对系统本身的数据存储量有一定要求。

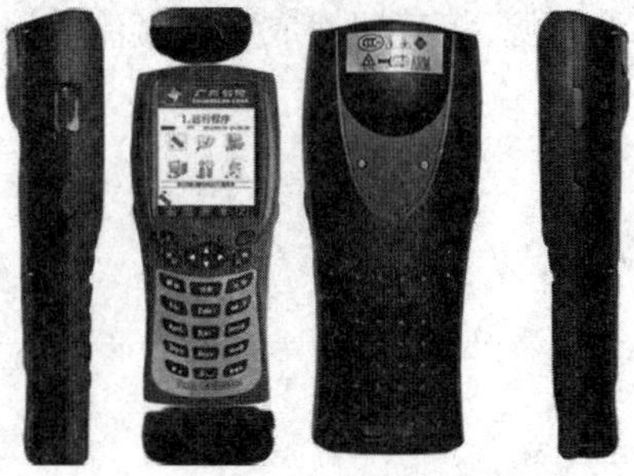

图 4-2 典型的便携式读写器

便携式读写器一般由 RFID 读写器模块、天线和掌上电脑集成,并且采用可充电的电池进行供电,其操作系统可采用 WinCE 操作系统或其他操作系统。并且根据使用环境的不同,可以具有其他一些特征,如防水、防尘等。

除了在实验室内用于系统评估工作的最简单的便携式读写器以外,还有用于恶劣环境中的特别耐用并且带有防水保护的便携式读写器。

4.3.2 读写器的选择

根据使用环境的要求,必须考虑读写器工作频率、输出功率、输出端口、读写器形式及匹配天线等技术参数。

工作频率:读写器的工作频率要和电子标签统一。

输出功率:读写器的输出功率必须符合使用国家或地区对于无线发射功率的许可标准,以满足人类健康等需要。

输出端口:根据需要可选择 RS-232、RS-485、RJ45、韦根、无线网络等接口类型中的一种或多种。

读写器形式:考虑选择固定式读写器还是手持式读写器。

匹配天线:读写器选定后还需要考虑与之匹配的天线类型和数量。

4.4 读写器的工作原理

RFID 数据采集有两种工作模式:一是以读写器为主的工作模式,多用于无源标签;二是以标签为主的工作模式,必须是有源标签。如无特殊说明,通常我们所称的标签皆是无源标签。以读写器为主的工作模式下,读写器的工作原理可用图 4-3 简单说明。

读写器上电后,通过其天线发射 UHF 射频载波信号,并判断有无标签回答,如果没有检测到标签响应,继续发射载波信号。

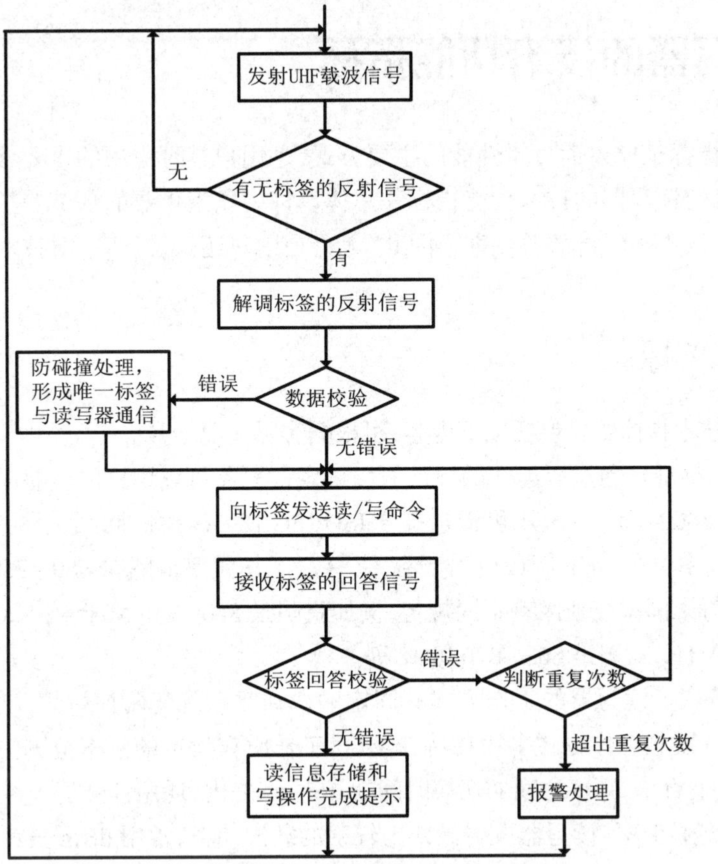

图 4-3　RFID 读写器的工作原理

当标签进入读写器识别范围后，将射频载波转换成电能使标签 IC 芯片工作，然后以控制载波反射的方式，给读写器以回答信号，回答信号中包含标签局部识别码（SUID）或随机数。读写器解调回答信号，并通过数据中的 CRC 码检验回答信号是否正确。如果回答错误，表示产生通信错误或同时有多个标签进入读写器识别区（标签碰撞），应进行防碰撞处理。

防碰撞处理包含了通信错误的处理。防碰撞处理实质上是读写器与标签的多次通信过程，从中选出一个标签与读写器通信。

建立了读写器与标签的单独通信后，读写器向标签发送读或写命令。读命令中包含读数据地址和读数据个数等参数，标签的回答将包含这些数据。读写器收到后通过解调、校验等步骤，将数据存储在数据存储器中，或直接向上位机传送。写命令中包含写地址和写数据（数据也可以来自上位机），标签收到后进行解调和校验，并存储在指定位置以及写回答。

读写器收到读回答或写回答信号后，要检验读写操作是否正确。因为在回答信号中包含了标签操作是否错误的信息，因此，除了检验 CRC 校验码外，还要看是否有错误信息。如果有错误信息，要重新进行读写操作。如果连续发生读写错误，则给出警告信息，待警告处理后读写器重新发射 UHF 载波信号。

4.5 读写器的技术功能指标

技术功能指标是描述读写器性能的主要方式，是用户是否应用的重要参考。而对读写器设计者而言，确定读写器的技术功能指标是总体设计中相当重要的环节，它关系到应用方向、研制周期、产品成本和经济效益预期。因此，无论是用户还是设计者，对技术功能指标的关注是必然的。

4.5.1 技术指标

读写器的技术指标主要包括以下内容，可根据实际情况增减。

（1）遵守的标准。通过所遵守的标准可以确定读写器可以识别的标签类型。例如读写器遵守 ISO/IEC 18000-6 标准，表示可识别符合 ISO/IEC 18000-6 标准的电子标签。

（2）工作频率。在 UHF 频段的射频标签，一般工作频率范围在 860 ~960 MHz，但读写器的工作频率在每个国家或地区有不同规定，例如我国是 840 ~845 MHz 或 920 ~925 MHz，而美国是 902 ~928 MHz，欧洲是 868 ~870 MHz 等。

（3）工作方式。读写器的工作方式有固定频率和频率跳变两种射频发射方式，前者比较经济但不通用。跳频工作方式多用在特殊场合，工作时在设定的频率范围内不断地变换载波频率，有时可达上百个，频率之间的切换时间在 450 ms 之内，通用性强但不经济。

（4）有效辐射功率。读写器发射天线上辐射的载波功率，常用 dBm 表示， 0 dBm=1 mW，10 dBm=10 mW，20 dBm=100 mW，30 dBm=1 000 mW，依次类推。例如输出功率为 27 ~32 dBm，通过计算是 500 ~1 580 mW。发射功率用 dBm 表示是射频工程师的习惯。

（5）读写距离。读写器对标签的读写距离是不同的，因为写操作的时间长，消耗能量多，所以写距离要小于读距离。例如，读取距离≥ 3 m，写入距离≥ 2 m。

（6）读写速度。读写器的读写速度取决于通信速率和标签存储器的读写速度。一般 EEPROM 的读取速度在 μs 级，读写器的读取速度主要取决于通信速率；而 EEPROM 的写入需等待 5 ~10 ms，读写器的写入速度取决于通信速度和 EEPROM 的写入速度。例如，32 位的读取时间为 1 ms，而 32 位的写入时间为 10 ms。

（7）安全机制。安全机制用来描述读写器与标签通信采用的安全技术，例如电子标签合法性检验和通信加密措施等。

（8）防碰撞能力。所谓防碰撞能力是指读写器在规定的时间内（例如 1 s）可正确处理标签的个数。例如，1 s 可读取 30 张电子标签。

（9）操作命令。读写器的操作命令一般包括强制性命令（标准中规定的）、选择命令、自定义命令及用户命令等。在指标中应描述这些命令的设置状况。通过操作命令的描述，可了解读写器控制软件的大概情况。

（10）供电方式。读写器的供电方式取决于读写器类型。固定式读写器采用交流供电，内部转换成直流工作电压，例如 220 V 交流转换成直流 +5 V；便携式读写器采用直流供电，例如采用电池组,通过转换器转换成 +5 V 工作电压。

(11)功耗。读写器的功耗一般分动态功耗(工作时)、搜索功耗(射频发射扫描时)和静态功耗(通电不工作时),也有用平均功耗描述的,例如平均功耗≤ 1 W。

(12)外形尺寸。例如外形尺寸为 225 mm × 166 mm × 39 mm。

(13)质量。例如铝合金外壳,整机质量约 2 kg。

(14)工作温度范围。例如工作温度范围为 -40 ~65 ℃。

(15)储存温度范围。例如储存温度范围为 -40 ~85 ℃。

4.5.2　功能特点

读写器的功能特点如下。

(1)通信功能。读写器同标签的通信功能包括遵守的通信标准、通信速率、对标签的初始化操作、对标签存储信息的读写方式和限制、标签失效处理方式、通信错误处理等。

(2)识别功能。读写器的识别功能包括识别范围(在设定的有效辐射功率时的识别距离)及识别方式(动态识别或静态识别)。动态识别时功能还包括标签移动的速度(标签相对于读写器通信的移动速度,单位:km/h)及标签读取率(读取成功次数 / 读取总次数)等。

(3)防碰撞处理能力。一般应描述防碰撞处理算法,在标准读取距离内同时读写的标签数量及标签的读取速度(单位:枚 /s)等。

(4)干扰防护能力。读写器的干扰防护能力包括读写器对电磁干扰(EMC)、静电(ESD)等外来干扰的防护能力;读写器本身产生的电磁干扰及杂散无线电信号的溢出;多台读写器近距离的串扰能力。

(5)显示功能。显示功能包括显示器件、显示尺寸、显示方式及显示内容等。

(6)数据存储功能。一般可以脱机工作的读写器,尤其是便携读写器,必须有数据存储功能。存储器的类型、容量可以说明存储器的功能。

(7)与上位机的通信功能。与上位机的通信接口是读写器必不可少的,该接口是读写器向上位机传输信息的通道,也是上位机对读写器实时控制的通道。在这一部分中,需要描述接口类型、通信速率(波特率)、校验方式及通信距离等内容。

(8)读写器软件。读写器软件是实现读写器功能的关键,在功能特点介绍中,需要说明软件的结构、功能模块、应用函数、程序规模、程序载体类型、编程语言、下载与更新能力及自检功能等。

4.6　读写器的设计与应用

4.6.1　读写器的设计要求

读写器在设计时需要考虑许多因素,包括基本功能、应用环境、电气性能和电路设计等。

1. 读写器的基本功能和应用环境

（1）便携式还是固定式读写器。

（2）它支持一种还是多种类型电子标签的读写。

（3）读写器的读取距离和写入距离。一般来说，读取距离和写入距离不相同，读取距离比写入距离要大。

（4）读写器和电子标签周边的环境，如电磁环境、温度、湿度和安全等。

2. 读写器的电气性能

（1）空中接口的方式。

（2）防碰撞算法的实现方法。

（3）加密的需求。

（4）供电方式与节约能耗的措施。

（5）电磁兼容性能。

3. 读写器的电路设计

（1）选用现有的读写器集成芯片或是自行进行电路模块设计。

（2）天线的形式与匹配的方法。

（3）收发通道信号的调制方式与带宽。

（4）若是自行进行电路模块设计，还应设计相应的编码与解码、防碰撞处理、加密和解密等电路。

4.6.2 低频读写器

射频识别技术首先在低频领域得到应用和推广。低频读写器主要工作在 125 kHz，可以用于电子商务、智能小公交管理、身份识别及安全保卫等诸多领域。RFID 读写器的关键芯片是基站芯片，它主要用于完成数据的调制、发射和射频的接收以及数据的解调任务。在众多的 RFID 基站芯片中，先由美国 TEMIC 公司生产，后转由 ATMEL 公司生产的 U2270B 是一种低成本、性能完善的低频基站芯片。下面以 U2270B 芯片为例，介绍低频读写器的构成和工作原理。

U2270B 芯片是 ATMEL 公司生产的基站芯片，该基站可以对一个非接触式的 IC 卡进行读写操作。其主要特点有如下几方面。

（1）载波振荡器能产生 100~150 kHz 的振荡频率，并可通过外接电阻进行精确调整，其典型应用频率为 125 kHz。

（2）典型数据传输速率为 5 kbps（应用频率为 125 kHz 时）。

（3）适用于曼彻斯特编码和双相位编码。

（4）带有微处理器接口，可与单片机直接连接。

（5）供电方式灵活，可以采用 +5 V 直流供电，也可以采用汽车用 +12 V 供电，同时具有电压输出功能，可以给微处理器或其他外围电路供电。

（6）具有低功耗待机模式，可以极大地降低基站的耗电量。

(7)125 kHz 时的典型读写距离为 15 mm。

(8)适用于对 TEMIC 的 e5530 / e5550 / e5560 射频卡进行读写操作。

U2270B 内部由振荡器、天线驱动器、电源供给电路、频率调节电路、低通滤波电路、高通滤波电路及输出控制电路等部分组成,其内部结构框图如图 4-4 所示。U2270B 采用 16 脚 SO16 贴片封装形式,引脚如图 4-5 所示,各引脚功能见表 4-1 所列。

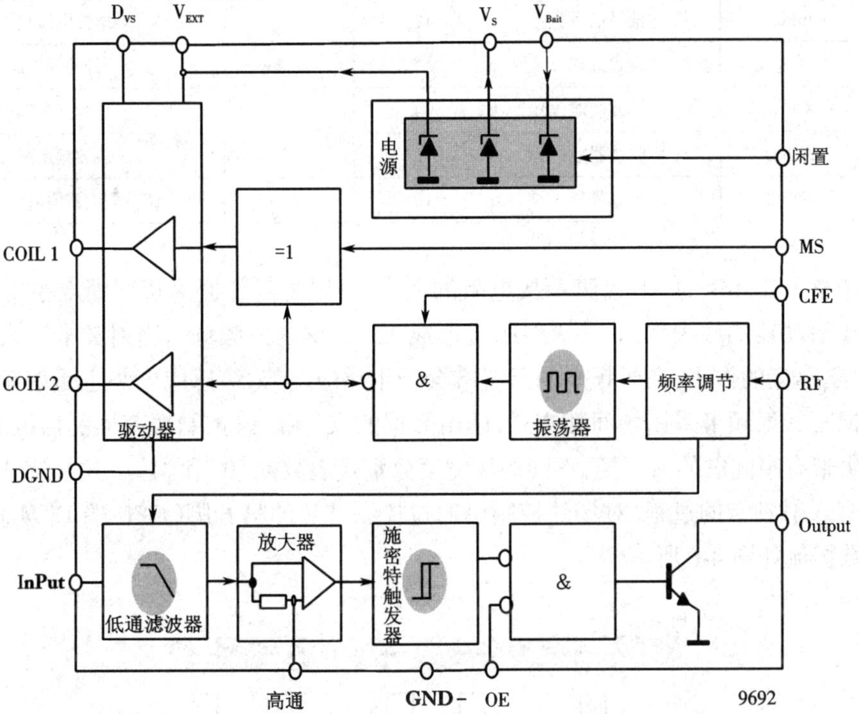

图 4-4　U2270B 芯片的内部结构框图

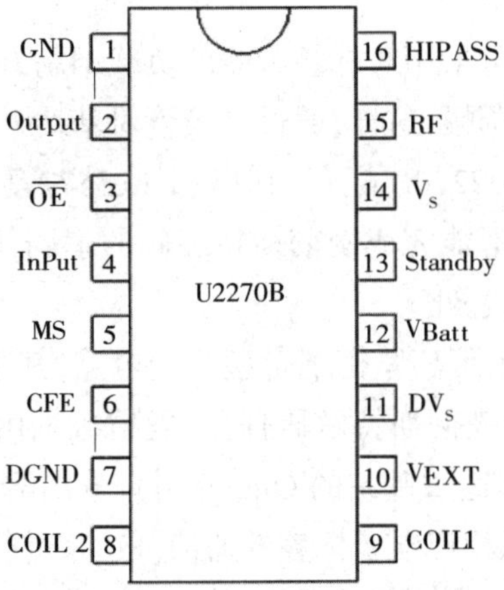

图 4-5　U2270B 芯片的引脚

表 4-1 U2270B 芯片各引脚的功能

引脚号	名 称	功能描述	引脚号	名 称	功能推述
1	GND	地	9	COIL1	驱动器 1
2	Output	数据输出	10	V_{EXT}	外部电源
3	$\overline{OE}$	使能	11	DVs	驱动器电源
4	InPut	信号输入	12	V_{Batt}	电池电压接入
5	MS	模式选择	13	Standby	低功耗控制
6	CFE	载波使能	14	V_S	内部电源
7	DGND	驱动器地	15	RF	载波频率调节
8	COIL2	驱动器 2	16	HIPASS	调节放大器增益带宽参数

通过调整 U2270B 的 RF 引脚所接电阻的大小,可以将内部振荡频率固定在 125 kHz,然后通过天线驱动器的放大作用,在天线附近形成 125 kHz 的射频场。当射频卡进入该射频场时,由于电磁感应的作用,在射频卡的天线端会产生感应电势,该感应电势也是射频卡的能量来源。数据写入射频卡采用场间隙方式,即由数据的"0"和"1"控制振荡器的启振和停振,并由天线产生带有窄间歇的射频场,不同的场宽度分别代表数据"0"和"1", 这样完成将基站发射的数据写入射频卡的过程,对场的控制可通过控制芯片的第 6 脚(CFE 端)来实现,由射频场产生的数据流如图 4-6 所示。

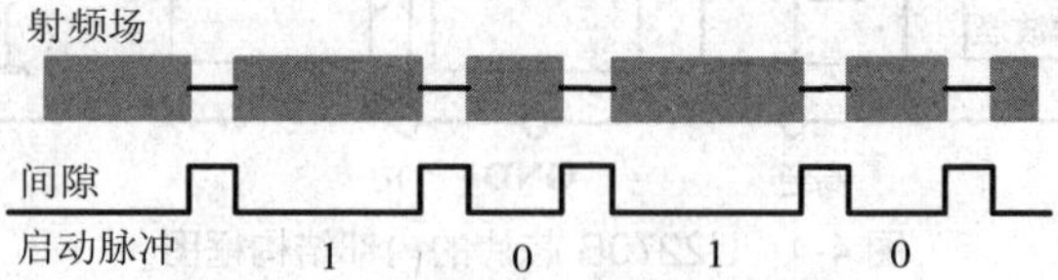

图 4-6 由射频场产生的数据流示意图

由电子标签返回的数据流可采用对标签天线的负载调制方式来实现。电子标签的负载调制会在基站天线上产生微弱的调幅,这样,通过二极管对基站天线电压的解调即可回收电子标签调制数据流。应当说明,与 U2270B 配套的射频卡(e5577 等)返回的数据流采用的是曼彻斯特编码形式。由于 U2270B 不能完成曼彻斯特编码的解调,因此解调工作必须由微处理器来完成,这也是 U2270B 的不足之处。

图 4-7 是采用 U2270B 的短距离紧密耦合型应用电路,其中微处理器 AT89C4051 用来承担数据的发射以及回收数据的曼彻斯特解码任务,发射数据由 AT89C4051 控制 CFE 端来实现,接收的曼彻斯特编码数据则通过基站的 Output 引脚输出给 AT89C4051。在编制发射和接收数据的程序时,必须严格按照相应电子标签的通信规约来进行。

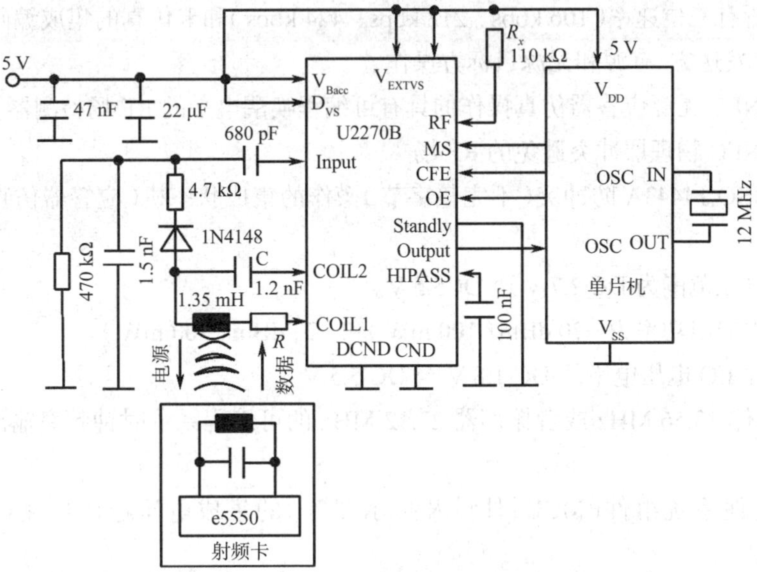

图 4-7　基于 U2270B 芯片的读写器

4.6.3　高频读写器

高频读写器主要工作在 13. 56 MHz，典型的应用有我国第二代身份证、电子车票和物流管理等。下面以 TRF7970A 芯片为例，介绍高频读写器的构成和工作原理。

1.TRF7970A 芯片

TRF7970A 是德州仪器（TI）推出的一款业界功耗最低的适用于近场通信（NFC）的非接触式短距离通信收发器。TRF7970A 收发器适用于基础设备，其电池寿命是竞争产品的两倍，可提供功率范围为 1 μA~120 mA 的八个不同的功率模式。该收发器带有可配置的辅助软件，以帮助开发人员更快入手，收发器与软件通过一系列超低功耗 MSP 微控制器兼容。该收发器支持点对点通信，例如用于医疗设备、移动支付以及卡仿真。它还具有读写能力，两个晶体振荡频率（13.56 MHz 或 27.12 MHz）和一个容量为 128 字节的“先进先出（FIFO）”缓冲器，使之能够处理大量数据的传输。

TRF7970A 收发器符合 ISO 18092 和 ISO/IEC 21481 NFCRFID 标准，并支持多个读写协议。它包括符合 ISO 15693、ISO 18000-3、ISO 14443A/B 标准和 FeliCa RFID 规范的专为读写器模式设计的示范性软件包。

TRF7970A 是用于 13.56 MHz RFID/ 近场通信系统的集成模拟前端和数据成帧设备。内置编程选项使其适合各种邻近和近程识别系统应用。它可以执行以下三种模式中的一种：RFID/NFC 读写器、NFC 对等点或者卡仿真模式。内置用户可配编程选项，使此设备适合广泛应用。在控制寄存器中选择所需协议来配置 TRF7970A 使其直接访问所有控制寄存器，即可根据需要对各种读取器参数进行微调。TRF7970A 芯片的特性如下。

（1）支持近场通信（NFC）标准 NFCIP-1（ISO/IEC 18092）和 NFCIP-2（ISO/IEC 21481）。

（2）用于 ISO 15693、ISO 18000-3、ISO 14443A/B 和 FeliCa 的完全集成的协议处理。

（3）针对所有三位速率（106 kbps、212 kbps、424 kbps）和卡仿真的集成编码器、解码器和数据组帧NFC发送方、有源和无源目标方操作。

（4）用于NFC无源应答器仿真操作的具有可编程唤醒电平的RF场检测器。

（5）用于NFC物理层冲突避免的RF场。

（6）用于ISO 14443A防冲突（不完整字节）操作的集成状态机（应答器仿真或者NFC无源目标）。

（7）输入电压范围为DC 2.7 V至DC5.5 V。

（8）可编程输出功率为+20 dBm（100 mW）和+23 dBm（200 mW）。

（9）可编程I/O电压电平从DC 1.8 V至DC 5.5 V。

（10）从晶体13.56 MHz或者振荡器27.12 MHz的可编程系统时钟频率输出（RF，RF/2，RF/4）。

（11）到其他系统组件（MCU、外设及指示器等）的集成电压稳压器输出，20 mA（最大值）。

（12）可编程调制深度。

（13）具有针对“读取漏洞”消除和邻近读写器系统/环境带内噪声检测的接收信号强度指示器（RSSI）的双路接收器架构。

（14）用于超低功耗系统设计的可编程功率模式（断电电流 <1 μA）。

（15）并行或者串行外设（SPI）接口（含128-Byte FIFO）。

（16）温度范围为-40 ℃至110 ℃。

（17）32引脚四方扁平无引线（QFN）封装（5 mm × 5 mm）。

2. 基于TRF7970A芯片的读写器

基于TRF7970A芯片，使用并行微控制器接口的一个读写器系统原理图如图4-8所示，其中存储设备选用MSP430F2370（32 kB闪存，2 kB RAM）。最小MCU需求取决于应用要求和编码风格。如果只需支持一个ISO协议或者一个协议的有限命令集，则对于MCU闪存和RAM的要求将会大大减少。递归目录和防冲突命令比单槽运行要求更多的RAM。例如，ISO 15693（含主机接口）目前的基准固件大约为8 kB，使用512 BRAM；对于所有支持的协议（具有同样的主机接口），此基准固件接近12 kB并且最少使用1 kB的RAM。为了实现直接模式0运行需要一个GPIO运行频率能达到13.56 MHz的MCU。

4.6.4 超高频读写器

超高频RFID系统是目前射频识别系统研发的核心，是物联网的关键技术。超高频RFID常见的工作频率是433 MHz、860/960 MHz、2.45 GHz及5.8 GHz等，该系统可以同时对多个电子标签进行操作，主要应用于需要较长的读写距离和高读写速度的场合。

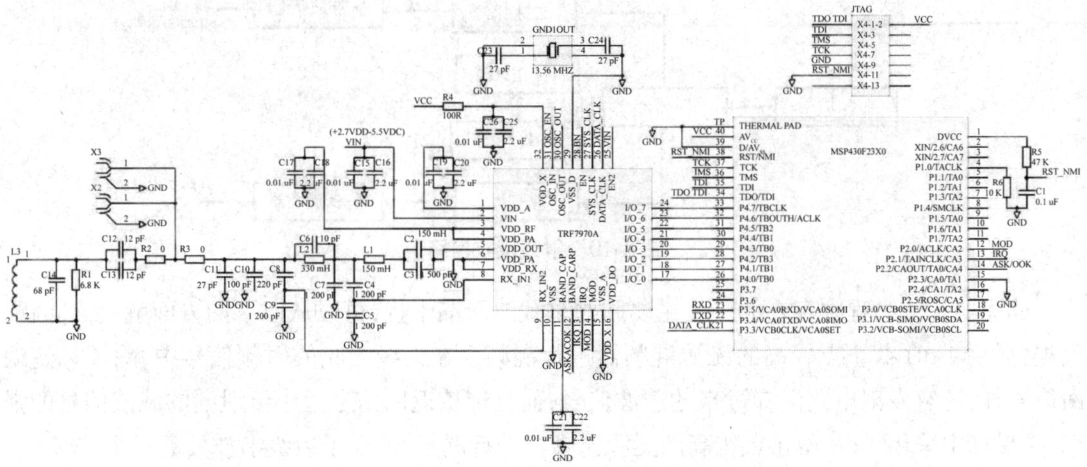

图 4-8　基于 TRF7970A 芯片的读写器(并行微控制器接口)

1. 系统构成和工作原理

读写器的组成原理如图 4-9 所示,整个读写器的硬件包括基带处理电路、射频发射电路和射频接收电路三个部分。基带处理电路是整个硬件电路的控制中心,负责接收上位机的命令,解析编码后向射频发射电路发送指令,同时,把从射频接收电路接收到的标签返回信息解码后传送给上位机。射频接收和发射电路完成射频信号和基带信号之间的转换。射频接收电路还完成信号的解调和放大。

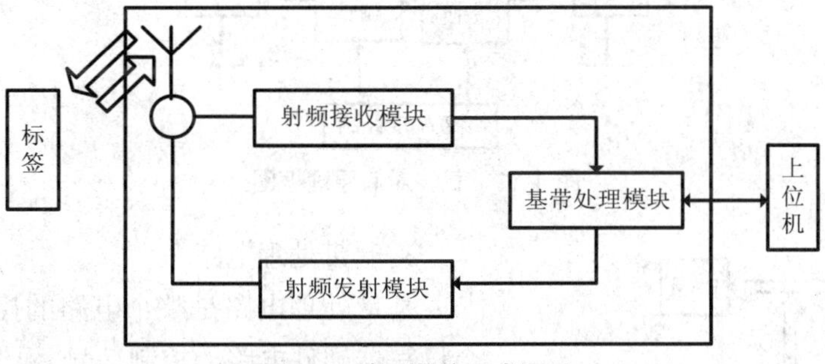

图 4-9　读写器的组成原理

2. 系统硬件设计与实现

1)射频发射电路

射频发射电路完成载波以及调制信号的发射。调制方式为 ASK,调制深度选用 100%,发射信号的输出衰减数字可控,使用 FPGA 进行配置。

2)射频接收电路

射频接收电路主要实现标签返回信号的解调。为降低后端 DSP 的处理难度,采用 I、Q 两路直接下变频的方式进行解调,如图 4-10 所示。

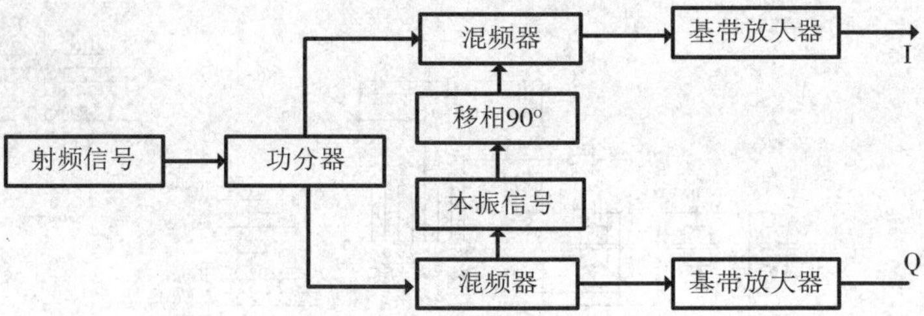

图 4-10 射频接收电路

读写器工作过程中存在的一个主要问题是载波泄漏干扰,可以从以下两方面解决该问题。首先,采用 1 dB 截止点较高的无源混频器进行混频。在天线接收的射频信号中,除了标签返回信号外,还有发射电路泄漏过来的载波信号,而且标签返回信号远小于泄漏的载波信号的强度,在设计中采用 1 dB 截止点较高的无源混频器进行混频,保证了后级谐波失真较小。

其次,采用移相反馈回路抵消或减弱泄漏的载波信号。利用载波对消理论,在接收电路中加上一个射频移相反馈回路,其原理是用定向耦合器耦合出部分发射载波信号,将此信号移相后反馈到接收电路中,与接收信号相加,改善电路的谐波失真,如图 4-11 所示。

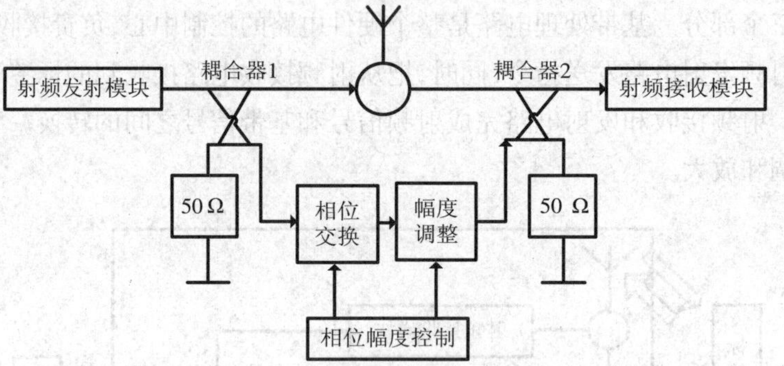

图 4-11 载波对消原理框图

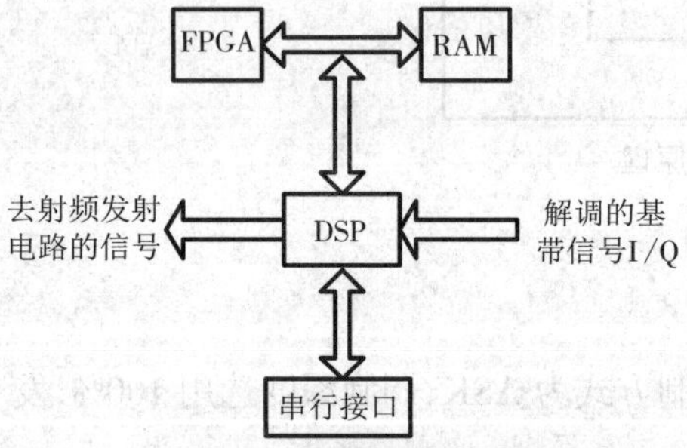

图 4-12 基带处理电路图

3)基带处理电路

基带处理电路是整个电路的控制中心,提供整个读写器硬件电路的控制信号,根据上位 机的命令控制读写器的工作,包括编码、解码、CRC 校验和防碰撞处理等。为了保证电路的处理速度和可扩展性,在设计中采用了 DSP 芯片和 FPGA 芯片相结合的方式,如图 4-12 所示。DSP 芯片是整个电路的中心控制器,负责所有控制信号的产生和传输;内置的 12 位 A/D 模块最高转换速率达 12.5 MHz,能满足基带信息采样的需求;内部 MAC 运算单元能满足信号运算的要求; FPGA 芯片提供系统时钟及部分控制时序逻辑;内置的锁相环通过编程产生稳定的时钟,能满足整个系统的要求;内部的逻辑阵列单元能满足控制时序逻辑及部分复杂逻辑的要求。

4.7　读写器的发展趋势

目前世界各国的信息采集和处理技术的发展以小型化、智能化和网络化为方向，都表现出强劲的势头，呈现出以下趋势。

（1）多目标标签读写，多协议兼容。

（2）信息采集向快速化、大容量方向发展。

（3）信息采集和实时处理技术向一体化发展。

（4）多频段合一的终端式、手持式读写器。

（5）向小型化、功能模块化、多接口、安全性及通用性方向发展。

（6）在信息化基础上，对智能化的要求被提到一个更高的层次。

（7）工业级发展：要求读写器能够支持至少 20 次的订单扫描，读写器能够支持户外各种恶劣的使用环境要求。

（8）系列性发展：与叉车设备集成、支持无线数据传输（WLAN、蓝牙）等多种接口方式。

RFID 技术作为一种新的信息采集与处理技术，除具有上述特点外还有其自身独特的技术优势。读写器是 RFID 系统的核心，从系统设计角度来说，由于力求电子标签的设计能够足够简化，成本尽可能低，因而对于读写器来说，就要实现更多的功能，如多制式标签的兼容、尽可能远的读写距离及多标签的同时处理等，这就给读写器的系统设计与实现带来了相当的复杂性。同时，由于高频 RFID 系统与超高频 RFID 系统的空间耦合原理不同，因而从读写器设备及天线的设计来说，高频系统与超高频系统具有不同的特点。

总的来看，RFID 读写器设计与制造向模块化、小型化、便携式、嵌入式方向发展。读写器技术的发展主要体现在以下几个方面。

（1）标准化和集成化。读写器射频模块与基带处理模块的标准化和模块化会使得读写器设计更加简单，功能更完善。

（2）推出智能化的多天线接口、智能天线相位控制技术及定位跟踪技术。

（3）多种通信数据接口，适应不同的应用系统需求，接口之间可以转换。

（4）读写器小型化、便携化、嵌入化。

（5）多种自动识别技术集成，如条码与 RFID 集成。

（6）更强的防冲撞能力，使得多标签读写更有效、便捷。

（7）更多新技术的应用，如智能信道分配技术、扩频技术及码分多址技术等。

随着 RFID 技术的发展和应用规模的扩大，RFID 系统的结构和性能会不断更新。读写器的价格会进一步降低，性能也会进一步提高。

习题 4

4-1 读写器的硬件包括哪些部分？它们的功能如何？

4-2 U2270B 芯片内部由哪些部分构成？画出由 U2270B 构成的低频读写器框图。

4-3 简述 TRF7970A 芯片的特点。

4-4 画出基于 TRF7970A 芯片的读写器系统框图，并对各部分进行简要说明。

4-5 简述超高频读写器的组成和工作原理。

4-6 简述读写器的发展趋势。

第 5 章 RFID 安全

5.1 RFID 系统的开放信道

RFID 技术已经应用在我们的实际生活中，如二代身份证、门禁卡及公交卡等。RFID 技术可识别高速运动物体并可同时识别多个标签，操作快捷、方便，与其他的自动识别技术，如条码技术、智能卡技术、语音识别技术及生物识别技术相比，射频识别技术是物联网工程中的核心技术。

RFID 技术是一种非接触式的自动识别技术，无需识别系统与目标对象之间建立机械或光学接触，而是通过空间耦合（交变磁场或电磁场）实现无接触信息传递，并通过所传递的信息识别目标，即所谓开放信道。

RFID 系统的信道分为两段：一段为读写器与标签之间的无线通道；一段为读写器与后台服务器之间的有线信道，如图 5-1 所示。

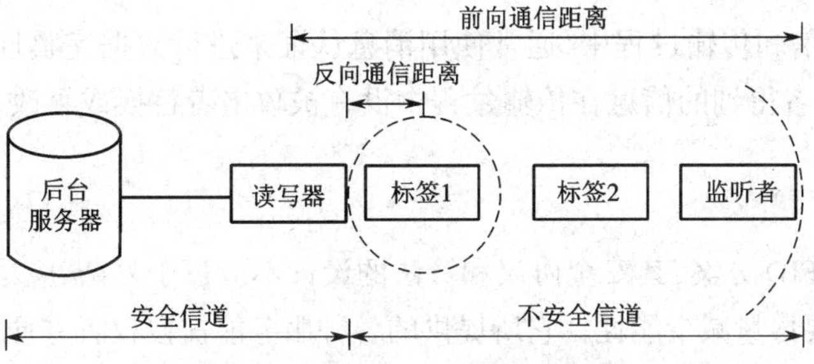

图 5-1 RFID 系统信道示意图

读写器通过标准接口与后台服务器通信网络进行对接，实现数据的通信传输，这是 RFID 系统中的安全信道。

读写器通过天线发出电磁信号，电磁信号携带了读写器指向标签的查询指令。当标签处于读写器工作范围时，标签将从电磁信号中获得指令数据和能量，并根据指令将标签标识和数据以电磁信号的形式发送给读写器，或根据读写器的指令改写存储在 RFID 标签中的数据。读写器与标签之间通过无线信号建立的实现双向通信的开放信道是 RFID 系统中的不安全信道。

标签是配备有天线的微型电路。标签通常没有微处理器，仅由数千个逻辑门电路组成，因此要将加密或者签名算法集成到这类设备中是一个不小的挑战。

标签和读写器之间的通信距离受到多个参数的影响，特别是通信频率的影响。读写器实际是一个带有天线的无线发射与接收设备,它的处理能力和存储空间都比较大。

读写器到标签的信道称为“前向信道”,而标签到读写器的信道则称为“反向信道”。

读写器与标签的无线功率差别很大,前向信道的通信范围远远大于反向信道的通信范围。这种固有的信道“非对称性”自然会对 RFID 系统安全机制的设计和分析产生极大的影响。

5.2 RFID 系统的安全性

5.2.1 安全性

从安全性考虑,一个完善的 RFID 工作系统应该具有保密性、真实性、完整性和可用性。

1. 保密性

RFID 电子标签中包含许多生产者和消费者的信息和隐私,这些数据一旦被攻击者取得,商业各方的隐私权将无法得到保障。因此,电子标签不能向未授权读写器泄露任何敏感信息。

2. 真实性

在 RFID 系统的许多应用中,电子标签的身份认证是非常重要的。因为不法者可以伪造电子标签,也可以通过某种方法隐藏标签,使读写器无法识别真标签,从而实施物品转移或使电子标签失去作用。

3. 完整性

在 RFID 的通信和传输过程中,通常使用消息认证来进行数据完整性的检验。数据的完整性能够保证接收者得到的信息在传输过程中没有被攻击者替换或篡改,也不能因故障自行丢失信息。

4. 可用性

一个合理的 RFID 方案,其安全协议和算法的设计不应过于复杂,应尽可能地减少用户密钥计算的开销,也要尽量减少能耗。它所提供的各种服务能被授权者方便使用,且能有效地防止非法者攻击。

5.2.2 安全风险

在 RFID 系统设计中必须注意以下安全风险。

1.RFID 自身的访问缺陷

成本低廉的标签很难具备保证安全的能力,非法用户可以用合法的读写器与标签进行通信,很容易获取标签内的所有数据。

2. 通信链路的安全问题

与有线连接不同的是,RFID 的数据通信是无线链路,无线传输的信号是开放的,这就给非法用户带来了侦听的可能,即所谓通信侵入。

3. 读写器内部的安全风险

RFID 所遇到的安全问题要比通常计算机网络的安全问题复杂得多。因为在其读写器中,除了中间件完成数据的传输选择、时间过滤和管理外，RFID 只能提供用户业务接口，而不能提供让用户自行提升安全性能的接口。

为了预防以上风险，应当加强访问控制、标签控制和消息加密。

5.3　RFID 系统面临的安全与隐私问题

目前，对 RFID 系统的攻击主要是对电子标签信息的截获和破解。攻击的方式主要有两种：非法分子想办法获取电子标签信息，对信息进行伪造，然后在没有被授权的情况下使用，并将信息传播出去；由于 RFID 的加密机制不安全，非法分子在不接触系统的情况下，将系统标签信息盗取过来加以利用。

随着科技的发展，非法分子有很多手段可以获得芯片的结构和其中的数据，所以 RFID 系统的安全问题主要是对电子标签信息进行加密。

5.3.1　安全与隐私威胁

1. 信息泄露

信息泄露主要发生在 RFID 图书馆、药品、电子档案及生物特征等系统中。

2. 恶意追踪

RFID 系统由后端服务器提供数据库，电子标签只需传递简单的标识符，可以通过电子标签固定的标识符追踪电子标签，即使电子标签进行加密后也可以对未知内容的加密信息进行追踪。

5.3.2　RFID 系统面临的攻击手段

1. 主动攻击

对获得的标签实体，通过物理手段在实验室环境中去除芯片封装，使用微探针获取敏感信号，进而进行目标标签重构的复杂攻击；通过软件，利用微处理器的通用通信接口，扫描标签和响应读写器的探询，寻求安全协议、加密算法以及实现它们的弱点，进行删除标签内容或篡改可重写标签内容的攻击；通过干扰广播、阻塞信道或其他手段，制造异常的应用环境，使合法处理器产生故障，进行拒绝服务的攻击等。

2. 被动攻击

采用窃听技术，分析微处理器正常工作过程中产生的各种电磁特征，来获得 RFID 标签和读写器之间或其他 RFID 通信设备之间的通信数据（由于接收到读写器传来的密码不正确时标签的能耗会上升，因此功率消耗模式可被加以分析，以确定何时标签接收了正确或不正确的密码位）；通过读写器等窃听设备，跟踪商品流通动态等。

5.3.3 RFID 存在的安全问题

1. 截获 RFID 标签

基础的安全问题就是如何防止对 RFID 标签信息进行截获和破解,因为 RFID 标签中的信息是整个应用的核心和媒介,攻击者在获取了标签信息之后,就可以对 RFID 系统进行各种非授权使用。

2. 破解 RFID 标签

RFID 标签是一种集成电路芯片,这意味着用于攻击智能卡产品的方法在 RFID 标签上也同样可行。破解 RFID 标签的过程并不复杂,使用 40 位密钥的产品,通常在一个小时之内就能够完全被破解出来;对于更坚固的加密机制,则可以通过专用的硬件设备进行暴力破解。

3. 复制 RFID 标签

即使能将加密机制设定得足够安全,安全到攻击者无法破解, RFID 标签仍然面临着被复制的危险。特别是那些没有保护机制的 RFID 标签,利用读卡器和附有 RFID 标签的智能卡设备就能够轻而易举地完成标签复制工作。目前,尽管篡改 RFID 标签中的信息还非常困难,至少要受到较多的限制,但是,在大多数情况下,成功的复制标签信息已经足以对 RFID 系统产生威胁。

5.3.4 RFID 系统数据传输的安全性

RFID 系统的安全需求有以下几点。

1. 授权访问

只有合法的读写器才能获取或者更新相应的标签状态。标签需要对读写器进行认证。

2. 标签的认证

只有合法的标签才可以被合法的读写器获取或者更新状态信息。读写器需要对标签进行认证。

3. 标签匿名性

标签用户的真实身份、当前位置等敏感信息,在通信中应该保证其机密性。信息要经过加密。

4. 前向安全性

即使攻击者攻破某个标签获得了它当前时刻 $t2$ 的状态,该攻击者也无法将该状态与之前任意时刻 $t1$($t1<t2$)获得的某个状态关联起来(防止跟踪和保护用户隐私)。每次发送的身份信息需要不断变化,且变化前的值不能由变化后的值推导得出。

5. 后向安全性与所有权转移

标签在时刻 $t1$ 的秘密信息不足以用来在时刻 $t2$($t2>t1$)识别认证该标签(抵抗重放攻击)。若一个安全协议能够实现后向安全性,那么所有权转移就有了保证。每次发送的身份信息需要不断变化,且变化后的值不能由变化前的值推导得出。

6. 可用性

RFID 系统可能因受到各种攻击，而导致系统无法正常工作。例如去同步化攻击可以使标签和后台数据库所存储的信息不一致，从而导致合法标签失效；拒绝服务攻击，可以通过对合法标签广播大量的访问请求，使得标签无法对合法读写器的访问进行响应。因此，必须设计良好的安全认证协议。

5.4　RFID 系统安全与隐私问题的解决方法

5.4.1　物理方法

1. Kill 标签

Kill 命令的作用是为了让一个电子标签关闭。电子标签接收到 Kill 命令后停止工作，它所有的功能都将被永久关闭并无法被再次激活，从此不能接收或传送数据。与电磁屏蔽相比，Kill 命令使得电子标签永久性无法读取；而电磁屏蔽取消之后，电子标签仍可以恢复正常功能。

当物体由于外形或包装原因而无法电磁屏蔽时，对一个电子标签执行 Kill 命令可以确保用户足够的安全，并保证在商品售出后用户不被非法跟踪，从而消除了消费者在隐私方面的顾虑。

Auto-ID 中心提出的 RFID 标准设计模式中也包含 Kill 命令，EPC Global 认为这是一种在零售点保护消费者隐私的有效方法。在零售点之外，购买的商品和相关的个人信息不能被跟踪。Kill 标签的主要缺点在于它限制了与消费者以及企业有关的电子标签的功能。

使用 Kill 命令可有效地组织扫描和追踪，但同时也付出了牺牲电子标签功能（如售后、智能家庭应用、产品交易与回收）的代价，因此它不是一个有效的检测和阻止电子标签扫描与追踪的隐私增强技术。

2. 法拉第网罩

法拉第网罩是一个由传导材料构成的容器，这个容器可以屏蔽掉无线电信号。法拉第网罩是 RFID 中用以保护用户隐私和安全的一种物理方法，它是根据电磁场理论中与静电屏蔽相关的理论原理设计出来的。由于它特有的屏蔽作用，在法拉第网罩里的电子标签不能与外部读写器进行交互，也就是说，外部的无线电信号不能进入法拉第网罩，反之亦然。把电子标签放入法拉第网罩可以阻止电子标签被扫描，即被动标签接收不到信号，不能获得能量，主动标签发射的信号不能发出。因此，利用法拉第网罩可以阻止隐私侵犯者扫描电子标签获取信息。

法拉第网罩的优点是可以阻止隐私侵犯者扫描电子标签获取信息；缺点是无法广泛普及，难以大规模实施，而且不适用于特定形状的物品，例如法拉第钱包。

3. 主动干扰

对射频信号进行有源干扰是另一种保护电子标签被非法获取的物理手段。能主动发出无线电干扰的设备可以使附近 RFID 系统的读写器也无法正常工作,从而达到保护隐私的目的。主动干扰的缺点是有可能干扰周围其他合法射频信号的通道,并且在大多数情况下是违法的,它会给不要求隐私保护的合法系统带来严重的破坏,也有可能影响其他无线通信。

4. 阻止标签

RSA 实验室提出增加一个特殊的阻止标签来保证隐私。这种内置在购物袋中的专门设计的电子标签能发动 DOS 攻击,防止 RFID 读卡器读取袋中所购货物上的电子标签。

阻止标签的原理为采用一个特殊的阻止标签干扰防碰撞算法。读写器读取命令时每次总获得相同的应答数据,从而保护标签。所以 RSA 实验室就采用了阻止标签的方式,它加强了消费者隐私保护,只在物品确实被购买后执行。消费者在销售点刷一下与个人隐私数据相关的忠诚卡,购物后,销售点会更新隐私信息,并提示某些读写器(如供应链读写器)不读取该信息。阻止标签方法的优点是电子标签基本不需要修改,也不必执行密码运算,减少了投入成本,并且因阻止标签本身非常便宜,与普通标签的价格相差不大,这使得阻止标签可作为一种有效的隐私保护工具;缺点是这种标签给扒手提供了干扰商店安全的方法。

5.4.2 逻辑方法

逻辑方法是基于 RFID 安全协议的方法,有 Hash Lock 协议、随机化 Hash Lock 协议、Hash 协议链、基于杂凑的 ID 变化协议、分布式 RFID 询问应答认证协议及 LCAP 协议等。

1. 安全协议的基本概念和安全性质

安全协议是两个或两个以上的参与者采取一系列的步骤(约定、规则、方法)以完成某项特定的任务,其含义有三层:协议至少有两个参与者;在参与者之间呈现为消息交换、交替等一系列步骤;协议需要能够完成某项任务,即参与者可以通过协议达成某种共识。

安全协议是运行在计算机网络或分布式系统中,借助密码算法达到密钥分配、身份验证及公平交易的一种高互通协议。

1)安全协议的分类

密钥交换协议完成会话密钥的建立;认证协议实现身份认证、消息认证及数据源认证等;认证和密钥交换协议是以上两者的结合,如互联网密钥交换协议 IKE;电子商务协议可保证交易双方的公平性,如 SET 协议。

2)安全协议的安全性质

安全协议的主要目的是通过协议消息的传递实现通信主体身份的认证,并在此基础上为下一步的秘密通信分配所使用的会话密钥。协议的安全性质有以下几方面。

(1)认证性是最重要的安全性质之一。安全协议认证性的实现是基于密码的,具体方法为声称者使用仅为其与验证者知道的密钥封装消息,如果验证者能够成功解密消息或验证封装是正确的,则声称者的身份得到证明;声称者使用其私钥对消息签名,验证者使用声称者的公钥检验签名,如正确则声称者的身份得到证明。声称者可以通过可信的第三方来证明自己。

(2)秘密性是通过加密使得消息由明文变为密文,任何人在不拥有密钥的情况下不能解密消息。

（3）完整性是保护协议消息不被非法篡改、删除和替代。采用封装和签名，用加密的办法或使用散列函数产生一个明文的摘要附在传送的消息上，作为验证消息完整性的依据。

（4）不可抵赖性（非否认性）是指非否认协议的主体可搜集证据，以便事后能够向可信仲裁证明对方主体的确发送或接收了某个消息，以保证自身的合法利益不受侵害。协议主体必须对自己的合法行为负责，不能也无法事后否认。

为了解决 RFID 的安全性问题提出的一些安全认证协议，应该采取一定的方法对其进行检验，验证协议的安全性，现有的方法有攻击检验方法和形式化分析方法等。攻击检验方法就是搜索、使用目前对协议有有效攻击的各种方法，逐一对安全协议进行攻击，然后检验安全协议在这些攻击下的安全性。这种方法的关键是选择攻击方法，主要的攻击方法分为以下几类。

（1）中间人攻击。由于攻击者伪装成一个合法的读卡器并且获得电子标签发出的信息，因此它可以伪装成合法的电子标签响应读卡器。因而，在下一次会话前攻击者可以通过合法读卡器的认证。

（2）重放攻击。攻击者可以偷听来自电子标签的响应消息并且重新传输这个消息给合法的读卡器。

（3）伪造。攻击者可以通过偷听获得电子标签内容，并进行简单复制。

（4）数据丢失。电子标签数据可能因为拒绝服务（DOS）攻击、能量中断、信息拦截而损坏，导致标签数据丢失。

形式化的分析方法是采用各种形式化的言语或者模型，为安全协议建立模型，并按照规定的假设和分析、验证方法证明协议的安全性。

2.Hash Lock 协议

该协议由 Sarma 等人提出，为了避免信息泄露和被追踪，使用 meta-ID 来代替真实的电子标签 ID。其协议执行过程如下：读写器向电子标签发送 Query 认证请求；电子标签将 meta-ID 发送给读写器；读写器将 meta-ID 转发给后端数据库；后端数据库查询自己的数据库，如果找到与 meta-ID 匹配的项，则将该项的（Key、ID）发送给读写器，否则，返回给读写器认证失败的消息。

读写器将接收到的后端数据库的部分信息 Key 发送给电子标签；电子标签验证预设的函数关系 meta-ID=H（Key）是否成立，如果成立，则将其 ID 发送给电子标签读写器；读写器比较此 ID 与后端数据库发送过来的 ID 是否一致，如一致，则认证通过。

3. 随机化 Hash Lock 协议

作为 Hash Lock 协议的扩展，随机化 Hash Lock 协议解决了电子标签定位隐私的问题。采用随机化 Hash Lock 协议方案，读卡器每次访问电子标签的输出信息都不同。随机化 Hash Lock 协议是基于随机数的询问应答机制。协议的执行过程为：读卡器向电子标签发送 Query 认证请求；电子标签生成一个随机数 R，计算 $H(ID_k \| R)$，其中 ID_k 为电子标签的表示；电子标签将 $(R,\ H(ID_k \| R))$ 发送给读卡器；读卡器向后端数据库提出获得所有电子标签标识的请求；后端数据库将自己数据库中所有电子标签的标识发送给读卡器；读卡器检查是否有某个 ID_j，使得 $H(ID_j \| R)=H(ID_k \| R)$ 成立，如果有则认证通过，并将 ID 发给电子标签；电子标签

验证 ID_j 和 ID_k 是否相同，如相同则认证通过。

4. Hash 链协议——基于共享秘密的询问应答协议

Hash 链协议的原理为：电子标签最初在存储器内设置一个随机的初始化标识符 s，同时这个标识符也存储在后端数据库中；电子标签包含两个 Hash 函数 G 和 H；当读卡器请求访问电子标签时，电子标签返回当前电子标签标识符（rk）=G（s）给读卡器，同时当电子标签从读卡器电磁场获得能量时自动更新标识符 s=H（s）；该方案具有前向安全性，但是需要后台进行大量的 Hash 运算，因此只适用于小规模应用。

5.4.3 法规、政策解决方案

除了技术解决方案以外，还应充分利用和制定完善的法规、政策，加强 RFID 安全和隐私的保护。2002 年，Garfinkel 先生提出了一个 RFID 权利法案，该法案提出了 RFID 系统创建和部署的五大指导原则，即 RFID 标签产品的用户具有如下权利。

（1）有权知道产品是否包含 RFID 标签。

（2）有权在购买产品时移除或摧毁嵌入的 RFID 标签。

（3）有权对 RFID 做最好的选择，如果消费者决定不选择 RFID 或启用 RFID 的 Kill 功能，消费者不应丧失其他权利。

（4）有权知道 RFID 标签内存储着什么信息，如果信息不正确，则有方法进行纠正或修改。

（5）有权知道何时、何地、为什么 RFID 标签被阅读。

5.5 RFID 系统用户的安全策略

RFID 技术已经在零售、物流等领域展示出其强大的优越性，在未来的发展中也必将给人们的日常生活带来极大的便利，但是 RFID 的安全和隐私问题不容忽视。从前面的论述中可以看出，研究人员提出了许多方法解决 RFID 系统的安全和隐私问题，也取得了一定的效果，但这些方法都有各自的优缺点，不能完全满足 RFID 系统的安全需求，达到真正实用的目标。这也说明了解决 RFID 系统的安全和隐私问题是一件困难的事情，原因主要在于大规模推广使用 RFID 技术，必须严格限制电子标签的成本，而低成本的电子标签又极大地限制了其安全和隐私问题的解决。

通过分析，有效地解决 RFID 系统的安全和隐私问题取决于以下三个方面的发展。

（1）最关键的研究领域仍然是开发和实施硬件实现的低成本的密码函数，包括摘要函数、随机数发生器以及对称加密和公钥加密函数等。

（2）在电路设计和生产上进一步降低电子标签的成本并为解决安全问题分配更多的资源。

（3）设计开发新的更有效的防偷听、错误归纳及电力分析等 RFID 协议。

一般而言，RFID 读卡器和电子标签必须能在不影响安全的情况下从能源或通信中断中平稳恢复。综合考虑上述三个方面，研究有效的解决方案将是未来 RFID 技术发展的主要方向。

没有某个单一的技术能够满足 RFID 系统要求的所有的安全等级,在很多情况下需要几种技术组合在一起的综合解决方案。对于特殊的应用，ISO 和 EPC Global 发布了一些安全标准,例如适用于近距离电子标签的 ISO/IEC 15693 给出了电子标签的安全标准,用于接入控制和无接触支付应用。RFID 系统的安全是一个具有挑战性且非常复杂的课题,需要全面综合的解决方法。为了实施 RFID 系统应用中的防护安全,有以下几点建议。

(1)对所使用的 RFID 系统中所有可能的解决方案的优点和缺点进行评估。

(2)考虑实施特定的安全解决方案的成本。

(3)衡量 RFID 计划中风险防范所需的成本和安全侵入带来的损失。

(4)咨询 RFID 安全专家或者所信赖的厂商,有助于做出最佳的决定。

习题 5

5-1　RFID 系统面临的攻击手段主要有哪些?

5-2　RFID 存在的安全威胁主要有哪几种方式?

5-3　简述解决 RFID 系统安全与隐私问题的方法?

5-4　有效地解决 RFID 系统的安全和隐私问题取决于哪几个方面的发展?

第 6 章 防碰撞算法

6.1 防碰撞问题概述

读写器与标签之间的开放信道除了带来信道安全问题之外,另一个问题就是数据传输的完整性。影响数据传输完整性的因素主要有两个:一个是来自外界的干扰;另一个则是来自 RFID 系统本身的复杂环境下的标签碰撞和读写器碰撞。

来自外界的干扰包括障碍物的阻挡反射和金属外壳的屏蔽作用等,这种干扰可能导致读写器发送错误的命令,或使标签的工作状态发生混乱。而 RFID 自身的复杂环境下的标签碰撞和读写器碰撞则是由以下原因造成的:RFID 读写器的作用范围内存在多个标签,且它们同时向读写器返回数据;或是 RFID 系统工作范围内存在多个读写器,且它们的作用范围出现重叠。前者称为标签碰撞,后者称为读写器碰撞。

由于读写器的功能比标签强得多,所以相对而言,标签的碰撞问题更难于解决。标签发生碰撞,将使标签无法识别,其所携带的信息也将无法读取,这将大大降低标签的识别率。而识别率偏低将导致业务处理复杂化。如何判断、剔除未识别的物品,如何处理重复识别,怎样处理失效标签等,这些是影响 RFID 技术应用推广的关键因素。当 RFID 应用于供应链管理、物流和工业自动化等实现多目标同时识别的领域时,标签的碰撞问题所造成的影响将更大。RFID 是目前唯一可实现多目标同时识别的技术。多目标的同时识别,既是 RFID 技术的优势所在,也是 RFID 技术的技术难题之一。

6.2 防碰撞问题分类

在 RFID 系统中,存在着两种基本的通信:从读写器到标签的通信和从标签到读写器的通信。RFID 系统工作时,在读写器作用范围内,可能会有多个标签同时存在。在多个读写器与多标签的 RFID 系统中,存在着两种形式的碰撞方式:一种是同一标签同时收到不同读写器发出的命令;另一种是一个读写器同时收到多个不同标签返回的数据。在很多情况下,读写器射频区可能会有多个标签存在,面对读写器发出的命令,每个标签都会响应,所以标签的响应信息会产生混叠的现象。RFID 系统会采用一定的策略或算法来避免碰撞现象的发生,控制标签的响应信息逐个通过射频信道被读写器接收。

防碰撞问题的研究主要解决两个问题:一是如何避免或减少标签之间的碰撞问题;二是避免或减少标签到读写器及读写器之间的干扰碰撞问题。RFID 内部的干扰,也称为 RFID 的碰撞问题,该碰撞包含标签到标签、标签到读写器及读写器到读写器的碰撞。标签到标签的碰撞属于标签碰撞问题。标签到读写器和读写器到读写器的碰撞属于读写器碰撞问题。

当多个标签同时回应同一个读写器时会发生标签到标签的碰撞,解决方法是使标签在不同的时间或者在不同的频率上应答读写器。因此,它要用标签防碰撞算法解决。

当多个读写器同时阅读处在询问区域的同一个标签时会发生标签到读写器碰撞,解决方法是让邻近的读写器在不同的时间或不同的频率上读写标签。

多个读写器询问区域重叠造成它们之间在读取一个或多个标签时产生信号干扰,称之为读写器到读写器的碰撞。当两个这样的读写器同一时间阅读时,在重叠区域内的标签,不能区分这两个信号。这样的碰撞不能通过使各个读写器工作在不同的频率上的方法来解决,唯一的方法是使读写器在不同的时间点上阅读标签。它需要读写器防碰撞算法来解决此问题。

6.2.1　标签碰撞

在 RFID 系统中,读写器向其有效识别范围内的所有标签发送查询信息,在收到读写器的查询信息后,所有标签向读写器发送返回信号。如果同一时刻只有一个标签向读写器返回信息,则读写器能将标签成功识别;而如果同一时刻有两个或两个以上的标签向读写器返回信息,这样不同标签的返回信号就会产生相互干扰,导致读写器无法准确地识别标签,这种干扰被称为标签碰撞。标签碰撞的结果将会导致该次数据传输的失败,因此需要一种防碰撞的技术解决上述问题,即多标签防碰撞算法。

6.2.2　读写器碰撞

在很多应用中,需要 RFID 读写器能在一个大的范围内的任何地方都能阅读标签。由于读写器和标签通信具有空间受限的特性,为覆盖整个空间,必须在整个范围内配置很多读写器,这样必然会在空间产生多个读写器阅读范围交叉的区域。阅读范围交叉的读写器相互之间可能发生干扰,即使在阅读范围不重叠的情况下,读写器也可能会相互干扰。不断增加的 RFID 系统增大了相邻读写器之间产生碰撞的概率。所有由于读写器操作引起的干扰都称为读写器碰撞。为了提高标签的正确识别率和阅读速度,必须最小化读写器碰撞。如何实现最小化读写器碰撞的问题称之为读写器碰撞问题。

1. 频率碰撞

当两个或多个邻近读写器在同一时间用相同的频率和相应的标签进行通信时,如果一个读写器发送的信号功率足够强,导致其邻近读写器可以接收到此信号,该信号对于其他邻近读写器就相当于噪声,如果噪声功率超过了某一特定的值,就会屏蔽或干扰其邻近读写器与它们各自询问区域内的标签之间进行正常通信,这种现象就称为频率碰撞。频率干扰的发生不需要询问区域的重叠,可用一个简单的通信模型来表示读写器之间可能存在的频率碰撞。假设有 k 个读写器(用 R_i 表示第 i 个读写器),每个读写器都发射有规律的全方位电磁波;假定距离 d 是频率可复用的最短距离,如果两个读写器 R_i 和 R_j 在某一时间使用相同的频率,那么仅当二者间的距离 $D(R_i, R_j)>d$ 时,这两个读写器之间才不会存在频率碰撞,如图 6-1 所示。

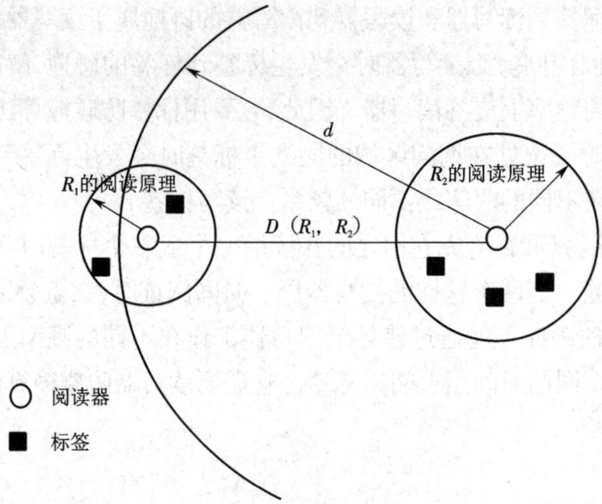

图 6-1 频率碰撞

2. 多读写器与标签的碰撞

当一个或者多个标签同时处在两个或多个读写器询问区域内，并且不止一个读写器试图同时与它或它们进行通信时，就会产生标签干扰。在这种情况下，由于读写器不具有发现标签干扰的能力，每个读写器都认为自己是唯一与标签进行通信的读写器，而实际情况可能不是这样的，这就会造成不可预测的结果，会导致这些标签的漏读或者错读。同样可用一个简单的通信模型来表示读写器之间可能存在的标签干扰。假定读写器的询问区域为一个以读写器所在位置为中心的球形区域，D_i 为读写器 i 最大的询问距离，也就是说当一个标签和读写器之间的距离小于 D_i 时，读写器就可以和该标签正常通信。$D(R_i, R_j)$为读写器 R_i 和 R_j 之间的距离。如果 $D(R_i, R_j)<D_i+D_j$，则说明两个读写器询问区域之间存在区域重叠。当这两个读写器同时读取相应的标签信息时，它们之间就可能会在处于它们的询问重叠区域内的标签处发生碰撞，如图 6-2 所示。

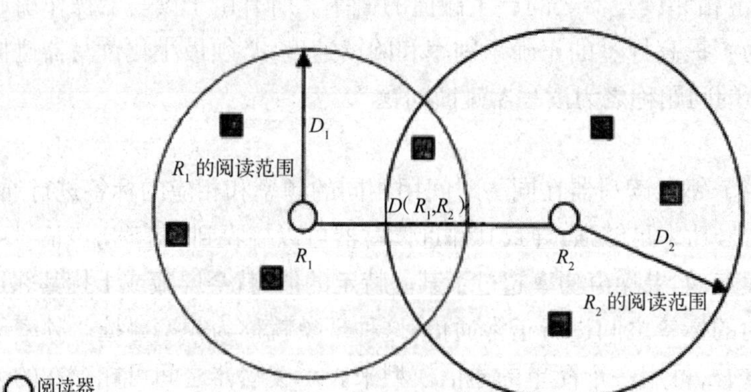

图 6-2 多个读写器在标签处的碰撞

3. 潜在的隐藏终端干扰

两个读写器的阅读区域没有重叠，然而从读写器 R_2 发出的信号在标签 T 上会干扰从读写器 R_1 发出的信号。这种情况也发生在两个读写器不在彼此的感应范围时，会导致 RFID 网络的载波侦听无效。可用一个简单的通信模型来表示读写器之间可能存在的标签干扰。假定读写器的询问区域为一个以读写器所在位置为中心的球形区域，D_i 为读写器 i 最大的询问距离，l_i 为读写器 i 最大的干扰距离，$D(R_i, R_j)$ 为读写器 R_i 和 R_j 之间的距离。如果 $D(R_i, R_j)<l_i+l_j$ 的话，会导致 RFID 网络的载波侦听无效，如图 6-3 所示。

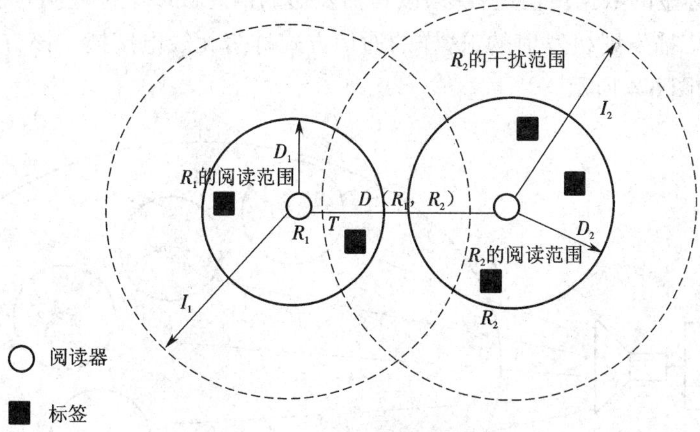

图 6-3　潜在的隐藏终端干扰

读写器冲突问题的主要特征如下。

（1）隐藏终端问题是读写器冲突问题的一个方面。读写器不在彼此感应范围内可能在标签处发生冲突，因此通常的载波侦听在这种情形下不工作。

（2）当从多个读写器发出的请求或传输在标签处发生冲突时，信号失真而且标签不能接收到任何一个读写器的请求。

（3）我们假设标签都是被动的，因此标签不能确定自己的位置也不能预知通信，在避免冲突中不能给出任何帮助。标签只能在某个阅读区域内被激活才能进行通信。

6.3　防碰撞算法的基本原理

由于标签含有目标物体可被识别的唯一信息，RFID 系统的目的就是要读取这些信息，从而识别目标物体。如果只有一个标签位于一个读写器的有效识别范围内，则无需复杂的操作，读写器即可直接读取标签数据；如果有多个标签同时位于一个读写器的有效识别范围内，或者一个标签位于多个读写器的有效识别范围内，或者一个读写器位于另外一个读写器的有效识别范围内，标签的应答信号或者读写器的识别信号就会相互干扰形成数据冲突，导致 RFID 系统碰撞，从而造成读写器和标签之间的通信失败。

为了防止系统产生碰撞，在 RFID 系统中需要设置一定的相关命令，解决碰撞问题，这些命令被称为防冲突算法(Anti-collision Algorithms)或者防碰撞算法。由于 RFID 中的碰撞分为读写器碰撞和标签碰撞,因此解决标签碰撞问题的方法或者协议称为标签防碰撞算法,解决读写器碰撞问题的算法或者协议则称为读写器防碰撞算法。

在 RFID 系统工作时,不能排除可能会有一个以上的标签同时处于读写器的有效识别范围内,在这样的 RFID 系统中,存在着两种不同的基本通信方式,分别称为无线电广播和多路存取。

1. 无线电广播

从读写器到标签的数据传输过程中,读写器发送的信息被多个标签同时接收,而这些信息是由一个无线电广播发射机发射的,这样的通信方式称为无线电广播。该方式的通信链路被称为下行链路,如图 6-4 所示。

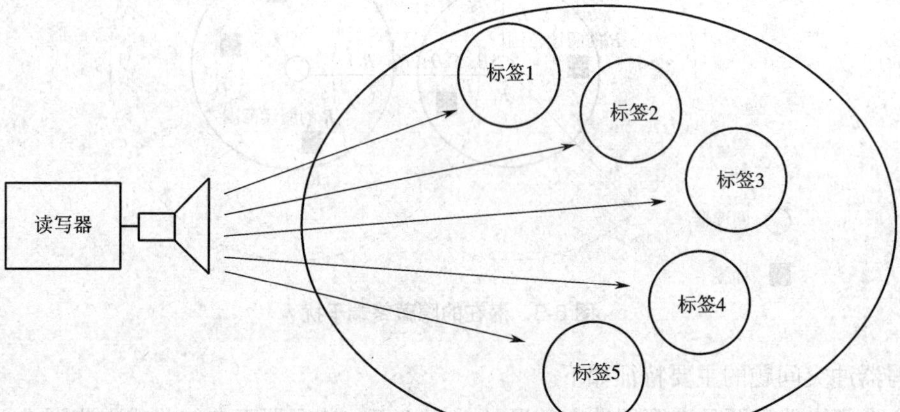

图 6-4　无线电广播通信方式

2. 多路存取

在读写器的有效识别范围内,有多个标签同时向读写器传输数据,这样的通信方式称为多路存取或多址存取。该方式的通信链路被称为上行链路,如图 6-5 所示。

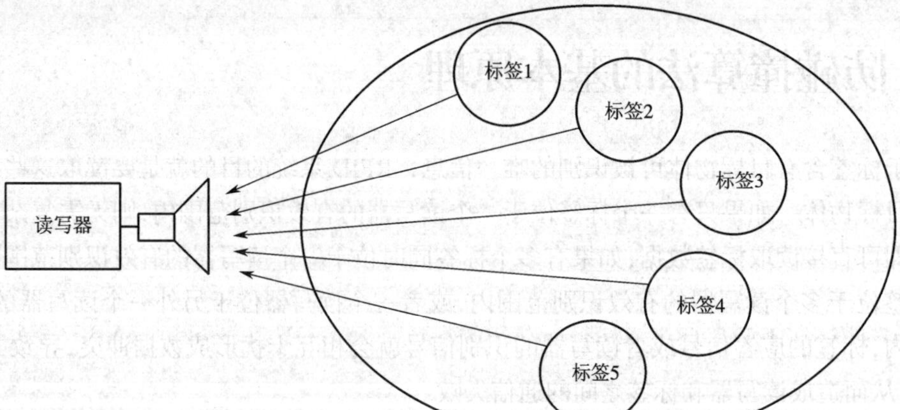

图 6-5　多路存取通信方式

6.3.1　标签防碰撞的主要方法

RFID 标签碰撞的本质上是多址接入问题，RFID 系统标签防碰撞主要采用频分多址、码分多址、空分多址以及时分多址四种多址接入方法。

1. 频分多址法

频分多址（Frequency Division Multiple Access，FDMA）是把若干个使用不同载波频率的传输通路同时提供给用户使用的技术。对于 RFID 系统来说，下行链路的频率是固定的，用于数据命令的传输和能量供应；而上行链路的频率是可变的，标签可以采用不同的独立的频率向读写器传输数据和信号，如图 6-6 所示。FDMA 就是要求标签对读写器的响应使用不同的频率。采用这种方法可靠、高效，但是会导致读写器制造的成本相当高，因为每个接收通路由于频率不同，必须有自己单独的接收模块，这是 FDMA 方法的一个显著的缺点。因此，FDMA 防碰撞方法限制在少数几种特殊的场合上应用。

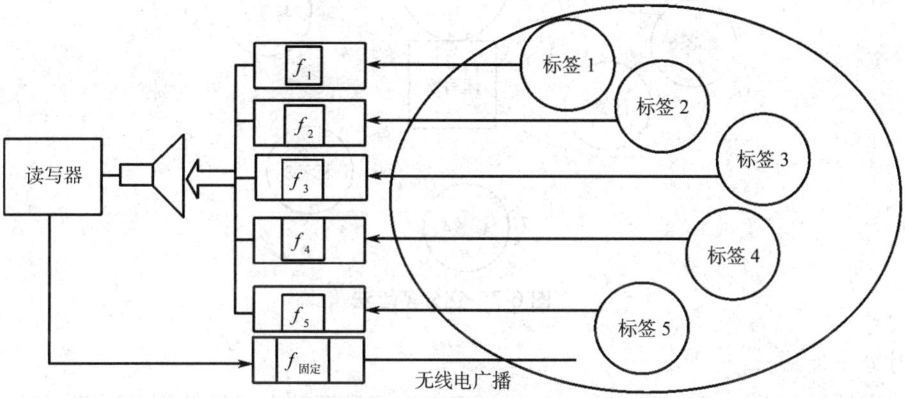

图 6-6　频分多址法

2. 码分多址法

码分多址（Code Division Multiple Access，CDMA）是一种主要基于扩频的通信技术，利用基于伪随机代码的扩展频谱调制技术传输数据。CDMA 主要由扩频和码分组成，扩频完成信息带宽的扩展及信息的传输；码分解决了基站与用户之间信道的标识问题。读写器根据标签信息的不同编码序列来进行多标签的识别。该方式有比较高的安全保密性和较强的抗干扰能力，但是采用这种方法的缺点也非常明显，例如通信频带的利用率低、随机码产生和选择较难、信道容量较小以及接收时地址码捕获时间较长等。因此，由于这些通信频带和技术复杂性，CDMA 技术很难应用于解决 RFID 系统标签碰撞问题。

3. 空分多址法

空分多址（Space Division Multiple Access，SDMA）是在分离的空间范围内进行多目标识别的技术，主要实现方式是在读写器上使用相控阵天线作为电子控制定向天线，将读写器识别范围内的空间划分为多个子空间，读写器一次从不同的子空间进行标签识别，从而实现多路存取，有效地避免了标签碰撞的产生。这种方法的实现主要有两种途径：一种是使单个的读写器的作用距离明显地减小,将读写器按空间区域进行划分,把大量的读写器和天线并排地安置在一个阵列中,这样,当标签进入不同的读写器范围时,就可以在空间上将标签区分开来,从而避免多个标签同时向读写器发送数据时发生标签碰撞,读写器的链路容量也就可以在相邻的区域内重新使用;另外一种实现方式是在读写器上使用一个电子控制定向天线,并使天线的方向对准某个标签,这样,不同的标签可以根据其在读写器作用范围内的角度位置区分开来,从而避免多个标签同时向读写器发送数据时发生标签碰撞,如图 6-7 所示。

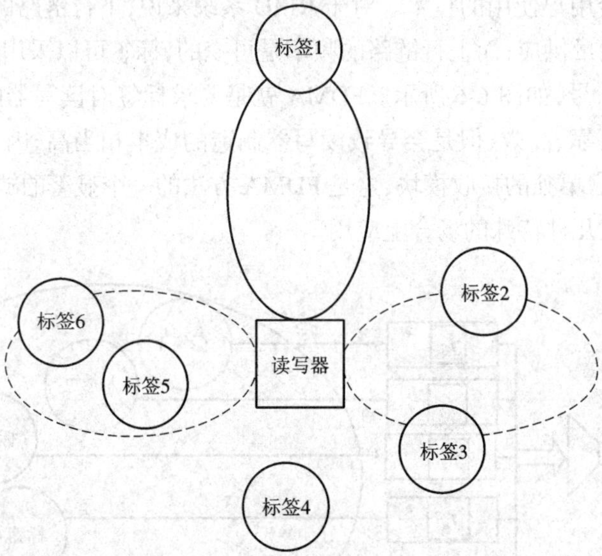

图 6-7 空分多址法

4. 时分多址法

时分多址(Time Division Multiple Access, TDMA)是把整个可供使用的通路容量按时间分配给多个用户的技术,此技术在数字移动无线电系统中得到了广泛应用。考虑到 RFID 系统通信形式、功耗、系统的复杂性及成本等因素,选择 TDMA 来实现 RFID 系统的防冲突机制是最普遍的方法,也是主流的 RFID 标签防碰撞方法。在 RFID 系统中,读写器与标签之间的信道按时间分配给多个不同的标签,从而在不同的时间逐个识别标签。在 RFID 系统中, TDMA 法通常分为两大类:标签控制防碰撞法和读写器控制防碰撞法,如图 6-8 所示。

6.3.2 标签控制防碰撞法

标签控制防碰撞法就是标签通过延时等方式主动控制占用信道的时间与读写器进行通信,以及多个不同标签在向读写器发送信息和数据时,根据占用信道的时间上的先后顺序依次发送,这样就有效地避免了不同标签数据发生碰撞,是一种主动发送数据的算法。基于 ALOHA 的算法是最常用的标签控制方法,该算法是采用了随机的 TDMA 的思想,因此这种算法是一种随机性方法。标签控制防碰撞法可以分为纯 ALOHA 算法、时隙 ALOHA 算法、帧时隙 ALOHA 算法和动态帧时隙 ALOHA 算法。

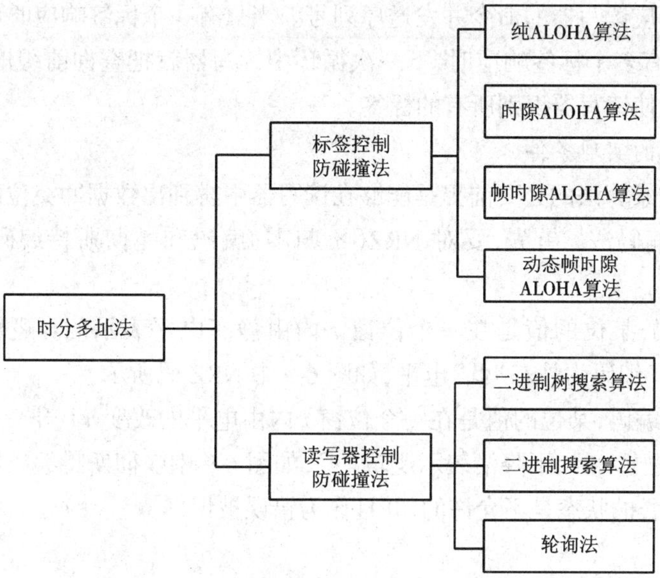

图 6-8　时分多址防碰撞方法分类

6.3.3　读写器控制防碰撞法

在读写器控制防碰撞法中，在读写器的有效识别范围内确定的标签组中选中一个标签，然后读写器与这个标签之间进行通信。在同一时刻只能有一个标签与读写器进行通信。如果读写器要选择另外的一个标签与其进行通信，则首先需要解除和中止与原来标签之间的通信。采用这种方法读写器选择与其通信的标签是确定的、唯一的，所以读写器控制防碰撞算法是一种确定性算法。读写器控制防碰撞算法分为二进制树搜索算法、二进制搜索算法和轮询法。

TDMA 方法的实现比较简单，并且可以较好地避免标签碰撞问题，因此在 RFID 标签防碰撞问题中应用最为广泛。在 RFID 系统的实际应用中，厂家也更多地采用了基于 TDMA 方法的标签防碰撞算法。

6.4　标签防碰撞算法

目前的 RFID 系统中，常用的多标签防碰撞算法主要分为确定性防碰撞算法和随机性防碰撞算法。其中比较经典的确定性防碰撞算法有二进制搜索算法、后退式索引算法、动态二进制搜索算法及跳跃式动态二进制防碰撞算法。而随机性防碰撞算法有纯 ALOHA 算法、时隙 ALOHA 算法、帧时隙 ALOHA 算法、动态帧时隙 ALOHA 算法。

6.4.1　二进制算法

二进制算法这是一种无记忆的算法，即标签不必存储以前的查询情况，这样可以降低成本。在这种算法中读写器查询的不是一个比特，而是一个比特前缀，只有序列号与这个查询前缀相符的标签才响应读写器的命令并发送序列号。当只有一个标签响应时读写器可以成功地识别标签，但是当有多个标签响应时，下一次循环中读写器就把查询前缀增加一个比特0，通过不断地增加前缀使读写器识别所有的标签。

1. 二进制算法的实现条件

实现二进制搜索算法的必要前提是能够在读写器中辨别出数据冲突位的准确位置，为此，必须有合适的位编码法。首先，要对NRZ（不归零）编码和曼彻斯特编码的冲突情况做一比较。

（1）NRZ编码，某位的值是在一个位窗 t 内由静态电平表示的。逻辑“1”编码为静态“高”电平，逻辑“0”编码为静态“低”电平，如图6-9中NRZ码所示。

（2）曼彻斯特编码，某位的值是在一个位窗 t 内由电平的改变（上升/下降沿）来表示的。这里，上升沿表示逻辑“0”，下降沿表示逻辑“1”，如图6-9中曼彻斯特编码所示。在数据传输过程中，“没有变化”的状态是不允许的，并且作为错误被识别。

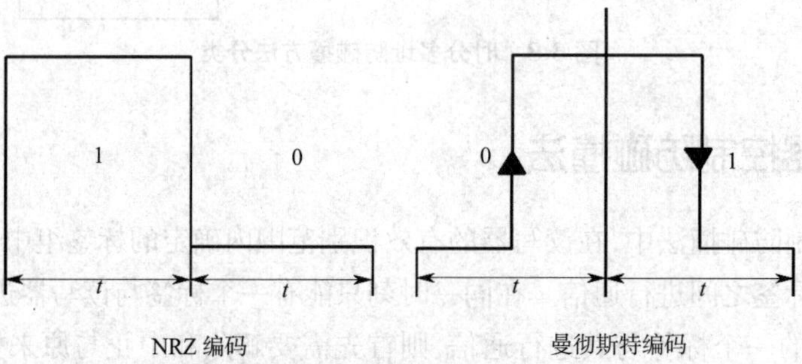

图6-9　NRZ编码和曼彻斯特编码

如果采用NRZ编码，两个标签中有一个发送的信号是数位“1”，那么这个信号就会由读写器译码为“高”电平，且被认定为逻辑“1”。但是，读写器不能确定读入的某位究竟是若干个应答器发送的数据相互重叠的结果，还是某个应答器单独发送的信号，所以用这种编码方法无法识别出碰撞位。

采用曼彻斯特编码时，如果两个或多个标签同时发送的数位有不同的值，则接收的上升沿和下降沿就相互抵消，所以在整个位窗的持续时间内是“没有变化”的状态。在曼彻斯特编码中，对这种状态未做规定。因此，这种状态将导致一种错误，因而用这种方法可以按位追溯跟踪，识别出发生碰撞的位。为了在二进制算法中能够识别出数据冲突的准确位置，通常都采用曼彻斯特编码。

2. 二进制搜索算法

1）二进制算法原理与步骤

在RFID系统中，二进制搜索算法又称二叉树算法，它是一种基于轮询的办法。算法的基本原理是当读写器收到发送碰撞的标签信号后，将发生碰撞的最高位置为“0”，然后重新发送新的比特序列，接下来解决发生碰撞的一个子集，如果再次发生了碰撞，则重复上述操作，直到成功地识别到一个标签为止。

通常利用非法编码来判断发生碰撞的位置,这是因为,如果当读写器向标签发送命令后,两个标签同时将自己的 EPC 编码或者其他信息发送过来,那么读写器在接收到信号后,那些发生了碰撞的位数将会出现非法编码,表示该位置发生标签碰撞,两个标签将不被识别。ISO 14443 标准规定, RFID 系统采用曼彻斯特编码,该编码每个周期进行一次跳变,正跳变表示“0”,负跳变表示“1”。

同时,二进制搜索算法规定,发生碰撞后查询“0”子树时,只有在该位置标签比特信息为“0”的标签才响应读写器,而比特信息为“1”的标签此时不响应。而当查询“1”子树时,在该位置比特序列为“1”的标签和比特为“0”的标签同时响应标签。由于标签存在活动状态和无声状态两种状态,只有活动状态下的标签才能响应读写器,所以查询“1”子树的时候也会可能只有一个标签进行响应。因此算法先进行左子树查询,再进行右子树查询。算法的具体步骤如下。

(1)读写器上电初始化,各个标签处于活动状态。

(2)读写器向各个标签发送全部为“1”的比特序列。处于活动状态的标签接收到该序列号后,全部响应读写器,发送其 EPC 编码。

(3)读写器接收到标签发送而来的 EPC 编码,发现比特序列中出现了非法编码,即发生了标签碰撞。那么将最高位的碰撞位 i 置为“0”,查询左子树,即向标签发送新的比特序列,进入步骤(4)。查询左子树完毕后,回到步骤(2),再次查询子树。由于此时左子树已经查询完毕,响应的标签已被置为无声状态,再次查询的即为右子树。

(4)标签接收到读写器新发送而来的“0”“1”比特序列,只有在匹配位置为“0”且处于活动状态的标签才响应读写器,即向读写器发送其 EPC 编码,进入步骤(3)。

2)二进制算法性能说明

为了从较大量的电子标签中发现一个单独的电子标签,需要多次迭代。其平均次数 L 取决于读写器作用范围内的电子标签总数 N,即

$$L(N)=\log_2 N+1 \tag{6-1}$$

由式(6-1)可以看出利用二进制搜索算法,如果只有唯一的一个电子标签处在读写器的作用范围内,那么只需要一次迭代就可以发现标签的序列号,在这种情况下不会出现冲突。如果有多个电子标签出现在读写器的作用范围内,那么迭代的平均次数会很快增加。

3. 基于二进制搜索算法的后退式索引算法

该算法是根据前面的二进制搜索算法改进的,它比二进制搜索算法更高效的地方在于时间复杂度低。与二进制搜索算法不同的是,读写器识别出一个标签后,不是从根结点开始重新查询,而是退到它的上一层节点,即“父”结点。后退式索引算法的前四步与二进制搜索算法相同,但是当执行到第四步识别出一个标签后,采用后退策略,从其前一个请求命令获得 EPC 参数,作为第五步重复操作的 EPC 参数,开始下一次的搜索,而不是以最初的 EPC 参数开始下一次搜索。

后退索引算法的具体步骤如下。

(1)读写器上电初始化,各个标签处于活动状态。

（2）读写器向各个标签发送全部为“1”的比特序列。处于活动状态的标签接收到该序列号后，全部响应读写器，发送其 EPC 编码。

（3）读写器对接收到的信号进行解码，发现有碰撞存在，将上一轮的 Request 压入栈中进行保存，将最高位碰撞位置为“0”，构造出新 Request，然后向标签发送该序列，进入步骤（4）。若没有碰撞发生，则表示正确识别标签，将标签置为无声状态，取栈中的 Request 作为最新的读写器待发比特序列，即回溯到上一层继续识别，直到栈中元素为空，即所有标签识别完毕。

（4）标签接收到比特序列，只有每一位都小于或等于对应 Request 序列比特位且处于活动状态的电子标签才进行响应读写器，向读写器发送其低位的 EPC 编码，进入步骤（3）。

4. 动态的二进制搜索算法

二进制算法和后退式索引算法，向上传输的标签应答的序列号和向下传输的请求命令的序列号参数都是完整传输的。但是经过观察发现，请求命令的 EPC 参数，如果第 x 位是碰撞最高位，那么（x−1）~0 位都被置为“1”，这些位对于标签来说是已知的，所以如果序列号一共有 n 位，那么可以传送 n~x 位作为 Request 的 EPC 参数。标签应答的序列号的 n~x 位与 EPC 参数相同，对读写器来说是已知的，也不需要传输。所以在该算法中，读写器在 Request 命令中只发送要搜索的序列号的 n~x 位作为搜索条件，所有在 n~x 位中的序列号与搜索条件相符的标签，则传输它们剩余的各位，即（x−1）~0 位作为应答。

5. 跳跃式动态树形防碰撞算法

跳跃式动态树形防碰撞算法是对动态二进制搜索算法和后退索引算法的改进而成的算法。由后退索引算法的步骤可知，每次标签响应读写器，向读写器发送的都是完整的 EPC 编码，而由于读写器已经获知标签的碰撞前缀，所以标签不必发送这部分比特序列；同样，对于读写器而言，读写器向标签发送的 Request 指令中，比最新碰撞位低位的比特序列都是“1”，所以也可以不必发送。这样，就可以简化读写器和标签之间的通信量。这种思想是基于动态二进制搜索算法而来的，所以跳跃式动态树形防碰撞算法是结合了两者之间的优点，既降低了对标签识别的时间复杂度，同时又减少了读写器和标签数据的通信量。

跳跃式动态树形防碰撞算法的具体步骤如下。

（1）读写器上电初始化，各个标签处于活动状态。

（2）读写器向各个标签发送全部为“1”的比特序列，即 prefix 位数全部为 1，k=L。处于活动状态的标签接收到该序列号后，全部响应读写器，发送其 EPC 编码。

（3）读写器对接收到的信号进行解码，发现有碰撞存在，将上一轮的 prefix 和 k 压入栈中进行保存，将最高位碰撞位置为“0”，然后加入到未发生碰撞的高位的最后，构造出新 prefix，然后向标签发送 Request 序列，进入步骤（4）。若没有碰撞发生，则表示正确识别标签，将标签置为无声状态，取栈中的 prefix 和 k，作为最新的前缀和低 k 位编码，即回溯到上一层继续识别，发送 Request（prefix，k），直到栈中元素为空，即所有标签识别完毕。

（4）标签接收到比特序列，只有前缀为 prefix 且处于活动状态的电子标签才进行响应读写器，向读写器发送其低位的 EPC 编码，进入步骤（3）。

6.4.2　ALOHA 算法

ALOHA 协议从 1968 年开始被研究，是最早的无线数据通信协议。最初由美国夏威夷大学应用于地面网路，1973 年应用于卫星通信系统。ALOHA 系统所采用的多址方式实质上是一种无规则的时分多址方法，或者叫随机多址。ALOHA 算法分为纯 ALOHA 算法、时隙 ALOHA 算法、帧时隙 ALOHA 算法和动态帧时隙 ALOHA 算法。

1. 纯 ALOHA 算法

纯 ALOHA 算法是一种最简单、最基本的防碰撞算法。算法基于时分多路法（TDMA）思想，是一种概率算法，属于电子标签控制算法。这种算法由标签主动发送信息，当标签进入读写器的作用区域时就自动向读写器发送其自身的信息，对于不同的标签它发送信息的时间也是随机的，当读写器准确地识别出唯一的标签时就开始与该标签通信。

纯 ALOHA 算法的识别过程如下。

（1）对于有接收功能的标签，在标签发送信息的过程中如果有其他标签也在发送数据，“信号”就会产生重叠，导致部分冲突或者完全冲突。图 6-10 中给出了纯 ALOHA 算法发生部分冲突和完全冲突情况的示意图。读写器通过循环冗余校验等方法检测有无冲突，如果发生冲突，读写器就发送命令让标签停止发送信息，然后标签随机延迟一段时间再发送信息，由于不同的标签选择的时延不同，从而避免了冲突。如果没有冲突，读写器正确读取标签信息后，标签进入休眠状态。

（2）对于无接收功能的标签，由于标签收不到读写器发送的信息，在检测期间一直重复地发送自己的信息，直到识别过程结束。

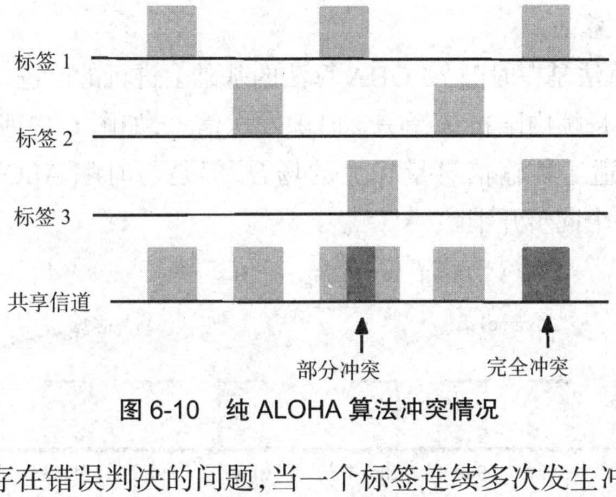

图 6-10　纯 ALOHA 算法冲突情况

纯 ALOHA 算法存在错误判决的问题，当一个标签连续多次发生冲突，超过了一定时间，读写器会认为该标签不在自己的作用范围内，从而导致读写器出现错误判决。纯 ALOHA 算法的另一个问题是输入负载过大，这将使数据包发送过程中发生冲突的概率增大，导致识别效率低。

2. 时隙 ALOHA 算法

时隙 ALOHA（Slot ALOHA）算法是在 ALOHA 算法的基础上进行的改进。这种算法把时间分成多个离散时隙(slot),每个时隙的长度固定并且稍大于标签发送一个数据包所需的时间,标签只能在每个时隙的开始才能发送数据。如果发生碰撞,标签需要随机退避几个时隙再发送数据。下面对算法的性能进行分析,对于每个时隙存在下面三种情况(如图 6-11 所示)。

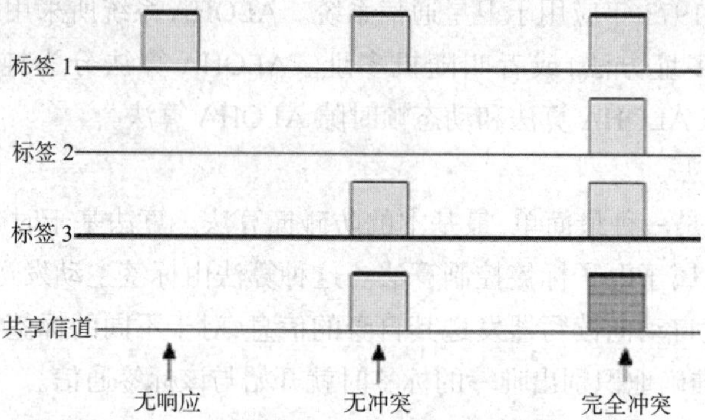

图 6-11　时隙 ALOHA 算法冲突情况

(1)空闲时隙:也即没有标签选择在这个时隙里发送数据。

(2)成功识别时隙:有且只有一个标签在该时隙中发送数据,读写器与标签能建立无碰撞通信。

(3)碰撞时隙:有两个或以上的标签在此时隙中发送数据,产生冲突。

如图 6-11 所示,由于在时间 T 内没有其他标签发送信息,所以标签成功发送信息或者完全冲突,这样避免了纯 ALOHA 算法中的部分冲突的情况,使冲突周期由 $2T$ 减半为 T。

时隙的 ALOHA 算法使信道利用率增加一倍,但是这种方法需要一个同步时钟使阅读区域内的所有标签的时隙同步,并且标签能够计算时隙。

3. 帧时隙 ALOHA 算法

帧时隙 ALOHA 算法是在时隙 ALOHA 算法的基础上进行的改进。算法思想是把多个时隙组成一个帧,标签在每帧内随机选择一个时隙发送信息,如图 6-12 所示,有两个帧,每帧有四个时隙。这种算法适于传输信息量较大的场合,但是与时隙 ALOHA 算法相同,帧时隙 ALOHA 算法也需要一个同步开销。

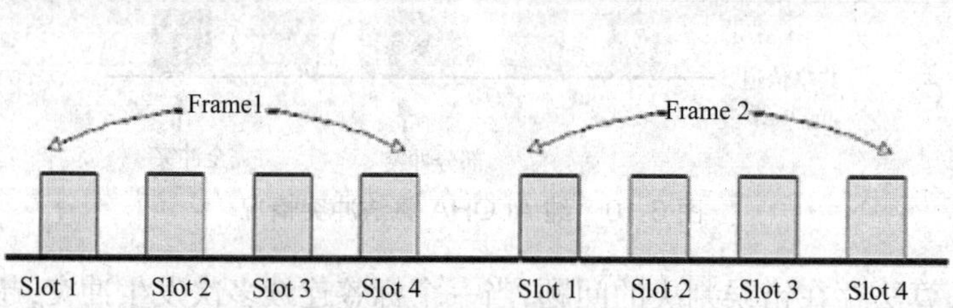

图 6-12　帧时隙 ALOHA 算法

算法的识别过程是首先读写器发送命令通知标签该帧包含有多少个时隙,标签在帧时隙内随机选择一个时隙作为自己的发送时隙;然后读写器发送命令通知标签目前要读取的时隙,如果标签所选时隙与该时隙相同,那么标签就响应读写器的命令。如果该时隙有不止一个标签响应,就产生了冲突,无法读出任何一个标签的信息,读写器通知标签在下一轮中重新选择发送时隙,直到标签被正确识别为止。如果目前的时隙只有一个标签响应,就不会产生碰撞,能够正确识别出标签信息。

帧时隙 ALOHA 算法的不足之处是当标签数远远大于一个帧的时隙数时,碰撞概率增加,读取一个标签的时间将会大大增加;而当标签数比一个帧的时隙数小得多时,会造成时隙的浪费。根据帧时隙的这个缺点提出了动态的帧时隙的算法。

6.4.3　改进的动态帧时隙算法

1. 动态帧时隙算法

1)基本思想

由于帧时隙 ALOHA 算法中一帧的时隙数目 N 是固定不变的,所以当阅读区域内的标签数量远远大于 N 时,发生碰撞的概率会大大增加;而当标签数目远远小于 N 时,会有很多的空闲时隙,造成时隙的浪费。动态帧时隙 ALOHA 算法就是根据固定帧时隙算法的这个缺点进行的改进,一个帧内的时隙的数目 N 能随阅读区域中标签的数目变化而动态改变。

算法的思想是读写器能够根据碰撞的情况动态地调整下一个帧开始时可用的时隙数 N。当一个帧结束时,如果发生碰撞的次数很多,那么可以在一个帧开始时重新发送读写器命令,增加时隙数。如果发送碰撞的次数很少,而且空闲的时隙数很多,就可以在下一帧开始时减少时隙数以节省时间。

2)算法步骤

动态帧时隙算法的具体步骤如下。

(1)读写器在周期循环的开始时隙中发送请求命令,该命令包含了初始的时隙数 N。

(2)标签接收到读写器的请求命令后进入识别状态,并在(1, N)中随机选择一个时隙,同时将自己的时隙计数器复位为“1”。

(3)如果标签的时隙计数器等于标签自己所选择的时隙数,标签向读写器发送信息;如果标签的时隙数与时隙计数器不相等,那么标签将保留自己的时隙数等待下一个读写器的命令。

(4)读写器收到的响应与发出的命令可能有以下三种情况。

①读写器没有收到标签的响应,说明该时隙是空闲时隙。读写器结束该时隙并发送下一个时隙命令,同时处于识别状态的标签收到命令后将时隙计数器加 1,然后转步骤(3)重新开始执行。

②读写器检测到有多个标签响应,发生了碰撞。读写器要结束该时隙同时发送下一个时隙命令。同时处于识别状态的标签收到命令后将时隙计数器加 1,然后转步骤(3)重新开始执行。

③读写器只收到一个标签的响应,并且正确读取标签信息。读写器发送下一个时隙命令。同时处于识别状态的标签收到命令后将时隙计数器加 1,已经正确读取的标签转入休眠状态,不再响应读写器的命令。

(5)如果目前的时隙数已经等于该帧的最大时隙数 N,那么结束本次循环,读写器发送命令转到步骤(1),开始下一帧的识别。新一帧的长度 N 是读写器根据上一次循环中的碰撞情况动态调整后确定的。

3)算法说明

动态帧时隙算法中关键的问题是如何调整帧的长度。关于动态调整帧长度 N 的方法也有很多不同的算法。

(1)根据每帧中的空闲和碰撞情况动态调整帧长度以提高识别效率。这种方法有很多种形式,比如读写器首先给标签提供较小的帧长,如果碰撞较多,就在下个识别周期增大帧长,直到至少识别一个标签为止。

(2)根据碰撞和空闲的概率调整帧长。例如,当识别周期内碰撞概率大于 0.7 时就将帧长增加一倍,当空闲概率大于 0.3 时就将帧长减半。但是碰撞的随机性使采用该方法时系统的稳定性变差,同时帧长初始值对系统的性能影响也很大。

(3)根据待识别的标签数调整帧长度。由于当时隙数和标签数相等时系统性能最优,可以据此在每个识别周期开始时估计待识别标签数,并相应调整帧长。

2. 改进的帧长度调整方法

如何动态地调整帧长度是动态帧时隙 ALOHA 算法要解决的重要问题。如果帧时隙数过多会造成时隙的浪费;如果帧时隙数太少又会增加碰撞的概率,降低识别的效率,所以需要一个合适的帧长度调整算法,来确定帧时隙数,从而提高系统的效率和识别速率。

1)帧长度、待识别标签数与系统效率的关系

在 RFID 系统中,系统的识别效率受帧长度和待识别的标签数的影响。下面主要研究如何选择最优的帧长度,使系统的识别效率最高。系统的识别效率,就是在单位时间内能够成功识别的标签数。系统效率越高,能够识别的标签数越多,那么标签成功发送信息所用的时间就越短。所以要想获得最大的系统效率,就要使标签成功地发送信息所用的时延最短。标签成功发送信息的时延用 D 表示,则 D 可以用帧时隙数定义如下:

$$D=\text{重传次数}\ K\times\ \text{帧长度}\ L \tag{6-2}$$

由于一般情况下一帧的长度 L 是已知的,只需要找到待识别的标签数是 n 时,一个标签成功地发送信息平均需要的重传次数 K,即可计算出成功发送时延 D 与帧长度 L 和标签数 n 的关系。进一步找到令 D 最小的 L,即是使系统效率最高的、最优的帧长度 L。

2)改进的帧长度调整算法原理

当帧长度等于待识别的标签数时,即 $L=n$ 时,可以获得最大的系统识别率。但是由于在实际中标签数是未知的,需要估算标签的数目。目前常用的标签估计算法有最小值标签估计算法,算法的原理如下。

由于在一次循环中,一个时隙只可能有空闲、成功和碰撞三种情况。符号说明如下:N_c 表示发生碰撞的时隙数,即至少有两个标签选择该时隙;N_r 表示正确识别的时隙数,即只有一个标签选择该时隙;N_d 表示空闲的时隙数,即没有标签选择该时隙。由于 N_c 的标签数大于等于 2,N_r 的标签数是 1,N_d 的标签数是 0,所以总的标签数为 $n \geqslant N_r+2\times N_c$。所以我们可以在下一次循环中设置标签数的最小值 $N_r+2\times N_c$ 作为帧的长度。

但是由于在实际应用中，帧长度的取值范围是 $L=2Q$（$Q=1, 2, \cdots, 8$），即时隙数的最大值是 256，所以可以估计出的标签数最大是 500 左右，所以随着标签数的增加，碰撞率增加，最小值标签估计法的准确率降低，从而识别效率也会降低。

统计标签估计法的算法步骤主要包括两个部分，首先是估计出标签数，然后是标签识别与帧长度调整。

6.4.4　分组的动态帧时隙算法

1. 分组算法原理

当标签数大于 1 000 时，标签数要比时隙数大得多，所以发生碰撞的可能性增加，算法的性能下降。这是由于帧时隙的数并不是能够无限增加的，实际中最大的帧时隙数是 256，所以动态帧时隙算法不适用于有大量标签的情况。为了解决这一问题，只有通过限制每次响应的标签数来实现，可以先将标签分组，使每组含有少量的标签，然后再针对每组标签分别进行读取，这样就可以解决动态帧时隙算法读取大量标签时效率低的问题。

分组算法的思想是读写器在每一个周期的识别中先估计标签数，如果标签数量太大就将标签分组，分成多少组可以根据估计出的标签数决定。然后标签在分组范围内随机选择一个作为自己的组编号。读写器从第一组开始读取标签，在组内可以采取动态帧时隙算法解决碰撞问题，当读取完该组的标签后，组数增加进入下一组读取，直到所有的组都识别完毕，进入下一轮的识别。如果标签数比较少并低于某个值时，就不需要再分组。

2. 分组算法中的关键问题

分组算法中首先要解决的是分组数的问题。首先需要估计出标签的数量，通常有两种标签估计的方法：一种是最小值算法，一种是统计的方法。由于最大的帧时隙是 256，所以最小值法中能估计出的最大标签数是 512，不适合用于分组算法的标签估计。统计方法能估计出的最大标签数是 1 600 左右，适用于大量标签的估计。所以在分组算法中首先采用统计方法进行标签估计。估计出标签数后需要确定分组的大小，当标签数大于 350 时识别效率开始明显地下降，所以我们选择 350 作为分组的分界点。当标签数小于 350 时不分组，当标签数大于 350 时开始分组，且每组的标签数是 350，这样根据估计出的标签数就可以得到分组数。

分组算法的组内采用何种碰撞算法是分组算法中需要确定的另一个问题，本章中分别提到的帧时隙 ALOHA 算法、最小值算法和统计的方法中，固定帧时隙算法效率最低。当标签数小于 350 时，最小值算法和统计算法效率相近，但是最小值算法实现比较简单，所以通常选择最小值法解决分组算法的组内碰撞问题。

3. 分组算法流程

根据上述分析的结果，选择标签数 350 作为分组的分界点，选择统计标签估计算法进行标签的估计，选择最小值算法作为在分组组内部的防碰撞算法，则分组算法的具体步骤和流程如下。

（1）用统计方法估计标签数 N。

（2）如果 $N<350$，不需要分组，则分组数 $g=1$；如果 $N>350$，需要分组，分组数 $g=[N/350]$，

即取上正数。

（3）标签在 1 到 g 之间随机选择一个数 i，作为自己的组编号，同时把 $s[i]$ 的值增加 1，记录该组的标签数。

（4）初始化设置当前识别的组编号 $t=1$。

（5）对第 t 组标签进行识别，标签数是 $s[t]$，设置初始帧时隙长度为 128，按照最小标签估计碰撞算法对该组标签进行识别，直到该组所有的 $s[t]$ 个标签都读取完成。

（6）当前正识别的组编号加 1，即 $t=t+1$，然后有以下两种情况。

① 如果 $t>g$，则标签所有的组都识别完成，转入步骤（1），进入下一个周期的识别。

② 如果 $t \leqslant g$，则表示仍有组没有识别，转到步骤（5），继续进行下一组的识别。

6.5 改进的确定性标签防碰撞算法

基于 ALOHA 的概率算法的缺点是随机性较大，当标签数量较多时，识别全部标签的时间复杂度急剧上升，容易出现“饿死”现象，识别吞吐率也较低，例如纯 ALOHA 算法和时隙 ALOHA 算法的吞吐率只有 0.184 和 0.386。二进制搜索算法识别吞吐率较之基于 ALOHA 的算法有较大提高，但是在通信中泄露过多信息，安全性比较差。Query Tree 算法中，读写器只发送前缀比特序列，标签中高位与之匹配的标签反馈其 EPC 编码，但标签的 EPC 编码仍是完整传输，标签回复的重复数据较多，仍有改进余地。后退索引算法在 Query Tree 算法的基础上做了改进，每次识别到一个标签后，采用回退策略，回溯识别到上一轮待识别的标签。该算法较 Query Tree 算法提高了识别的吞吐率，缺点是对读写器存储空间需求较大，空间复杂度较高。

根据 ISO/IEC 标准论述，对物品的电子标签进行编码时，物体类别相似度越大，EPC 编码差别位数越小。实际应用中，单个读写器往往是对多个相似度较大的物体进行多目标识别，标签 EPC 编码中连续位出现碰撞。

算法原理是为了使读写器精确地发现并定位发生碰撞的比特位，对标签返回信号的编码采取 Manchester 编码。Manchester 编码格式定义如下：在每个信号比特位中进行跳变，由负电平跳变至正电平表示逻辑“0”编码；由正电平跳变至负电平表示逻辑“1”编码。当碰撞发生时，读写器接收到的比特流中失去原 Manchester 编码格式，故可精确定位发生碰撞的位。如图 6-13 所示，标签 A 和标签 B 的 EPC 编码分别是 101 和 111，由于标签 A 和标签 B 同时向读写器传送其数据，读写器利用 Manchester 编码解析到比特流为 1×1，则第二位出现碰撞。按照 ISO 14443 标准规定，对读写器到标签的命令传输采用密勒码。

标签有两种状态：Active 激活状态和 Quiet 状态。Active 状态表示标签已经上电，等待识别；Quiet 状态表示标签已经被读写器识别，不再响应读写器命令。

读写器对标签可执行如下命令。

（1）Request(prefix, k)。发送比特序列 prefix，作为高位 EPC 编码，表示要求识别 EPC 编码高位为 prefix 的标签。标签接收到该命令后，所有处于 Active 状态的标签检查自己的

EPC 编码,如果其高位与 prefix 完全匹配,那么该标签做出响应,将其低 k 位 EPC 编码回馈给读写器。

（2）Read（EPC）。选中编码为 EPC 的标签以读取其中存储的数据。编码为 EPC 的标签接收到该命令后,将存储的数据发送给读写器。

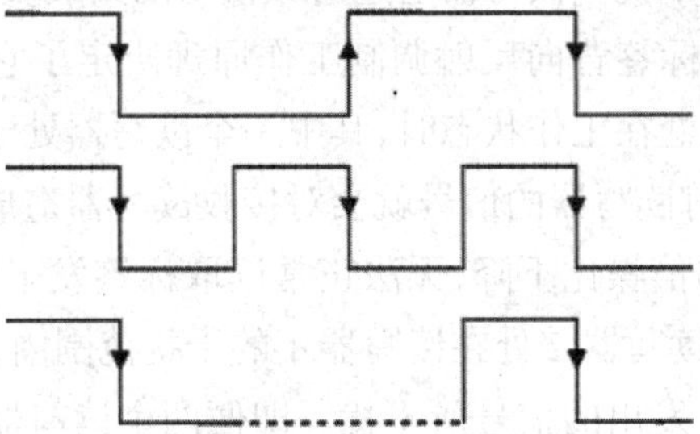

图 6-13　Manchester 定位碰撞位原理

（3）Quiet（EPC）。将指定的标签置于 Quiet 状态,使其不再对读写器命令做出响应,表明已经成功识别。

设各标签的 EPC 编码长度为 L,经读写器解析到标签发送的比特序列,如果仅有一位（如 j 位）发生碰撞,则表明仅有两个标签的 EPC 编码在 j 位有碰撞,即一个标签 EPC 编码的 j 位为“0”,另一个标签 EPC 编码的 j 位为“1”,如图 6-14 所示。则此时读写器可以直接识别这两个标签,不再进行进一步的搜索。然后读写器分别发送 Read（EPC）命令,令标签分别发送自己存储的数据至读写器。

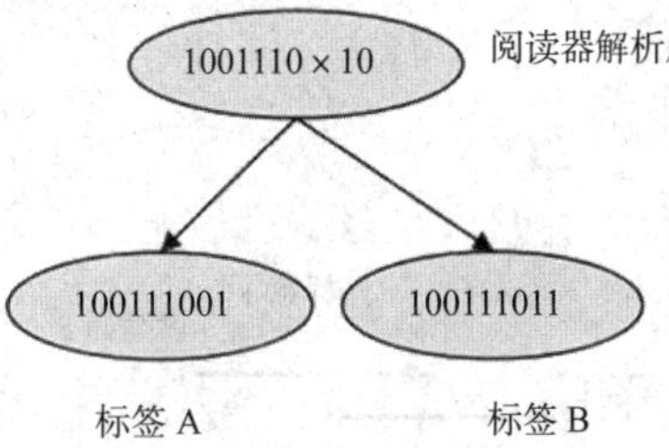

图 6-14　仅有一位碰撞位的二进制树

6.6　读写器防碰撞算法

6.6.1　读写器防碰撞算法概述

随着 RFID 的广泛应用,许多情况下都会需要近距离使用多个读写器来读取标签,如仓储管理和图书馆管理系统,这时就有可能会造成读写器之间出现碰撞,使射频识别系统无法正常工作,因此需要一个合适的算法来解决读写器之间碰撞的问题。

在多个读写器的 RFID 系统中,所有的读写器都会形成一个 Adhoc 网络,而标签实时地进入或者离开这个网络,每个读写器周围各有一个有限空间,在这个空间范围内读写器可以与标签进行通信,这个空间被称为读写器的询问区域。多个读写器的询问区域会造成重叠现象,那些处于询问区域重叠的读写器之间会产生彼此干扰,造成读取失败。

读写器的碰撞一般有两种类型。

第一种是对标签的干扰。当一个标签位于多个读写器的询问区域的重叠区时，则这些读写器若同时与这个标签通信就会发生碰撞，如图 6-15 所示。标签 1 位于读写器 1 和 2 的询问区域重叠区，当两个读写器同时向标签 1 发送信息时，标签 1 接收到的信号为两个读写器发射信号的矢量和，而不是规律的信令，这时标签就不能正确地识别读写器命令，也就无法响应。

第二种碰撞是读写器间频率干扰。读写器通过射频模块的天线发射的电磁场功率一般为 30~36 dBm，其辐射范围很大，而标签背向反射调制工作原理决定了它返回的信号强度很小，所以当两个读写器距离较近且都处在工作状态时，其中一个读写器处于信息发送状态，而另一个处于接收信息状态，这时候发射读写器的信号就会对接收读写器造成干扰作用，使得接收读写器接收标签发送而来的信号的信噪比下降，无法正常读取标签发来的信息。这种干扰就是读写器间频率干扰，如图 6-16 中读写器 2 处在读写器 1 的干扰范围内，则从标签 1 向读写器 2 反射的信号很容易被从读写器 1 发出的信号所干扰。即便两个读写器的询问区域没有重叠，也可能发生阅读期间频率干扰。

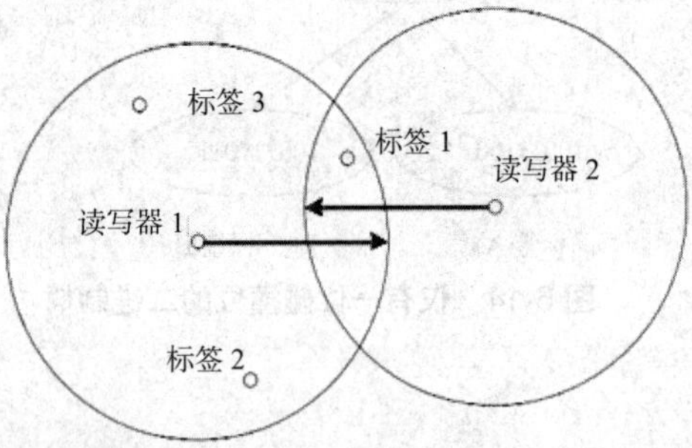

图 6-15 多读写器 - 标签干扰

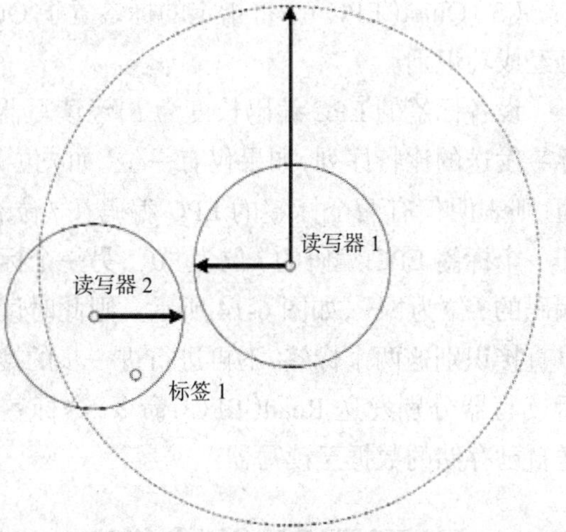

图 6-16 读写器 - 读写器频率干扰

读写器碰撞问题会缩小读写器识别的有效距离，导致有些标签不能被识别，并降低对标签的读写速率，增加读写时间。为了提高标签的正确识别率和读写速度，必须最小化读写器碰撞。

6.6.2 读写器防碰撞算法

目前，对于射频识别 RFID 系统防碰撞算法的研究集中在标签防碰撞算法，而并没有很多的研究针对读写器防碰撞算法，这是因为目前大多数应用都是采用以应用为中心的配置方式，即只用一个读写器通过串口连接到系统服务层（如 PC 机）上，并不存在多读写器碰撞现象。对于读写器防碰撞算法，目前主要有 ALOHA 算法、分布式自适应功率控制算法（DAPC）、或然的功率控制算法（PPC）以及传统的 CSMA 算法、Colorwave 算法和 Pulse 算法等。后两者由于对读写器硬件设计要求较高，增加制造成本并且因算法复杂导致识别速度较低，已经逐渐被前几种算法取代。

1. 分布式自适应功率控制法（DAPC）

读写器的发射功率是读写器碰撞问题中的一个重要参量。在多个读写器组成的网络系统中，如果这些读写器发射功率太小，那么该读写器网络中的一些标签可能不会被识别；反之，若发射功率过大，则会增大读写器发生碰撞的机会。所以，必须要寻找读写器的发射功率的一个区间，使之能保证系统中的任何一个标签都能够被读写器正确识别。如何控制每个读写器的发射功率，使读写器之间的碰撞概率降到最低，是一个值得研究的、至关重要的切入点。分布式自适应功率控制算法（DAPC）、或然的功率控制算法（PPC）就是基于这一点在蜂窝网络通信中获得了国内外学者的深入研究。而由于应用特征和空中接口等不同，RFID 系统中的功率控制算法与蜂窝网络的功率控制算法有所不同。另外，RFID 读写器网络系统的分布式功率算法主要目的是为了在保证标签能够被普遍识别的同时，尽量减少读写器之间的相互冲突，而蜂窝网络中的分布式功率控制算法的目的是降低能耗。

读写器识别标签时，必须保证信噪比（SNR）满足一定的门限要求。DAPC 算法通过测量网络环境中的信噪比，动态调整读写器的发送功率。读写器要想获得较高的信噪比，可以通过提高发射功率，或者减少随机噪声。而由于随机噪声的不可控性，只能提高读写器的发射功率。然而如果发生碰撞的多个读写器都在同一时刻提高自身的发射功率，就会造成更加严重的碰撞。所以解决办法是可以给每个读写器分配时隙，每个读写器只在分配给自己的时隙中工作。但是这种方法会造成读写器的工作效率严重降低。而 DAPC 算法通过实时状态测得的数据，在多个碰撞的读写器之间寻找一个平衡的发送功率，动态地更改读写器的发射功率。DAPC 算法的缺点是计算量复杂，并且可移植性差，适用于稳定的多读写器环境。

2. 或然的功率控制算法（PPC）

对于时隙分配控制思想的算法来说，每个读写器只在自己的工作时隙中正常工作。这种算法可以保证读写器不会出现碰撞现象，但是会导致处于静止状态的有些读写器等待时间过长，降低读写器的平均读写效率。而如果能在一个时隙当中同时动态调整每个读写器的发射功率，使其达到最佳的状态，即使尽可能多的读写器同时工作又没有发生碰撞，这正是 PPC 算法的思想。

PPC 算法的缺点是仍然需要大量的计算，这会造成读写器比较复杂，设计成本也大大增加。在读写器防碰撞算法研究领域，读写器的设计一直是个难点。

3. 其他算法

1）载波侦听多路访问（CSMA）算法

该算法是从 ALOHA 算法演变出来的一种改进协议，又称载波侦听多点访问。每个读写器在发送数据帧之前，首先要进行载波监听，只有信道空闲时，才允许发送帧。如果两个以上的读写器同时监听到信道空闲并发送帧，就会导致冲突现象，这时候发送的帧都成为无效帧，发送随即宣告失败。在发送信息帧的同时，每个读写器必须有能力随时检测碰撞是否发生，一旦发生碰撞，则应停止发送，以免信道带宽因传送无效帧而被白白浪费，然后随机延长一段时间后，再重新重复以上操作。简单讲就是先听后发，边听边发，碰撞停发，延迟重发。

CSMA 方法在 RFID 系统中采用的并不多,这是因为 RFID 系统中存在隐藏终端问题,不在彼此询问空间内的读写器也可能发生读写器间频率干扰。这时用该算法不能有效地减少读写器碰撞的次数。

2)Colorwave 算法

该算法是一种分布式的 TDMA 算法。通过给读写器分配不同的时隙(颜色)来避免读写器之间的冲突。该算法需要所有读写器之间的时间同步,同时,还要求所有的读写器都可以检测 RFID 系统中的冲突。

3)Q Learning 算法

该算法是一个分等级的在线学习算法,通过学习读写器冲突模型动态地解决 RFID 系统中读写器冲突问题。其思想类似于无线传感器网络中的分簇算法。Q Learning 学习算法不适合应用在拓扑结构变化比较频繁的读写器网络中,也就是移动读写器网络中。而且由于读写器级服务器任务繁重,会造成该读写器的能量消耗远大于其他读写器,从而有可能导致该读写器由于能耗过量而不能工作。

4)Pulse 算法

该算法将通信信道分为控制信道和数据信道两部分。控制信道用于发送忙音信号,用于读写器之间的通信;数据信道用于读写器和标签之间的通信。Pulse 算法实现起来比较简单,比较适合于动态拓扑变化比较频繁的网络。

习题 6

6-1 防碰撞问题的研究主要解决哪两个问题?

6-2 什么是标签碰撞? 发生标签碰撞会导致什么结果?

6-3 什么是读写器碰撞? 读写器碰撞是怎样产生的?

6-4 读写器冲突问题的主要特征有哪些?

6-5 说明防碰撞算法的基本原理。

6-6 标签防碰撞的主要方法有哪些? 试分别说明。

6-7 目前的 RFID 系统中,常用的多标签防碰撞算法主要有哪些? 试分别说明。

6-8 简述跳跃式动态树形防碰撞算法的具体步骤。

6-9 说明动态帧时隙算法的基本思想。

6-10 简述动态帧时隙算法的具体步骤。

6-11 说明动态帧时隙分组算法的原理。

6-12 说明动态帧时隙分组算法中的关键问题。

6-13 简述读写器的碰撞类型。

第7章 应用案例

本章主要把主动式 RFID 系统与被动式 RFID 系统进行区分,分别介绍了内河船舶流量监控系统和图书馆管理系统两个应用案例。在案例中介绍了一个完整的 RFID 系统的架构以及硬件与软件的设计过程,为读者自行设计提供参考。

7.1 基于 RFID 的内河船舶实时监控系统

7.1.1 应用背景

内河航道是我国重要的交通运输基础设施,其间通行的货运船舶在大宗货物运输过程中起着非常重要的作用,特别是在华东、华南地区,内河航运对国民经济建设起着举足轻重的作用。实现水上交通实时监控,可以全面、及时地掌握内河航道水上交通安全的基本情况,可对实时数据进行分析,对通航安全状况进行评估,并提出有关航行秩序整顿和通航保障的方案,以及应对紧急情况下的安全管理。长期以来,内河港航管理的信息化建设问题一直是航道管理部门探索研究的一个重要课题。船舶现场数据信息的及时获取是进行现代化精准管理的基础,内河中船舶的监控有着区域广阔、偏僻、通信条件落后等特点,目前还有很多地方停留在人工记录观测的水平上。这种传统的方式存在两点不足:一是管理上很难确保现场观测工作的有效性,直接影响了航道观测数据的质量;二是人工观测的一手资料很难保存,信息的再利用价值不高,减弱了港航管理信息对航道建设决策的支持力度。近年来,随着运输船舶数量的不断增加,河道管理工作越显重要,急需一种自动获取数据信息的手段来实现河道的智能化管理。

为了继续充分发挥内河航运优势,以高等级航道网和主要内河港口为基础,连接沿海主要港口和货源地,建设相应的支持保障系统,实现船舶标准化,形成安全、可靠、高效的集装箱、能源和大宗原材料运输系统,我国内河港务机构将重点发展一体化航运电子政务系统和智能运输系统,而各种电子监控系统正是为这些信息系统提供了有力的技术支撑。

目前,内河船舶目标监控所采用的技术主要为动态视频监控、GPS 定位监控及 RFID 监控等。

1. 视频监控

视频监控系统主要由前端、传输和终端三大部分组成。前端部分主要包括摄像头、云台及解码器等;传输部分,作为传输媒介,常用的有光缆和电缆等;终端部分主要负责显现传来的图像信号,并对前端设备进行控制。

视频监控手段通过在主要航道的重点航段、重要码头及重点水域安装视频探头，实现了远程监控航道，可以及时了解航道的实时情况。虽然通过动态视频监控可获得水域内所有船舶的位置信息，发现气象、水文及航道的异常，但是以这种方式进行监控需要巨大的资金投入，在技术方面也存在一些瓶颈，如视频系统受天气能见度等影响较大，在夜晚、雾天及水面夕照等能见度不良的情况下，图像不够清晰。

2. 基于通信网络的GPS监控

基于通信网络的GPS监控系统主要由船载GPS终端、通信网络和监控中心组成。通信可以采用中国移动GPRS（General Packet Radio Service）或者中国电信CDMA（Code Division Multiple Access）网络。GPRS是通用分组无线业务的简称，它采用与GSM相同的频段、频带宽度、突发结构、无线调制标准、跳频规则以及相同的TDMA帧结构，能够提供比现有GSM更高的数据率，是一种采用分组交换和传输技术的高速、低速数据及信令的高效率数据传输方式。

GPS船舶监控依托于移动通信运营商的网络覆盖，终端首先通过通信模块拨入Internet或专网与通信服务器建立TCP连接，定期从GPS接收机中接收船舶经纬度、速度等信息，然后对这些数据进行处理，按照协议打包，并将数据包上传到通信服务器。通信服务器把接收到的数据按照对应协议解析，存储数据并推送到监控中心服务端口。监控中心不断地从通信服务器获得最新数据，将其展现在电子航道图上来实现其船舶监管的功能，同时也能从数据库中调出，实现船舶历史定位查询和轨迹回放。

GPS监控的优点是位置信息准确，不受天气、航道等情况的影响，可以方便地与现有电子管理系统进行对接，数据实时性高。但是，GPS系统需要巨大的资金投入，需要支付网络使用费用，而且每条船舶上还要安装GPS设备，成本较高。

3.RFID监控

射频识别（RFID）技术是起源于20世纪40年代，在90年代走向成熟的一项自动识别技术。它利用无线射频方式进行非接触式双向通信交换数据以达到识别的目的。

在内河航道船舶监控中，前端设备为RFID读写器，后端设备为监控服务器。每条航船上只需要安装一张低成本的电子标签即可，在岸边以一定距离敷设读写器，每个读写器可覆盖一定范围。当装有标签的航船经过某个读写器覆盖的区域后，读写器会接收到电子标签发送的数据，然后通过电缆或GPRS网络对数据进行回传。RFID系统可以很方便地与现有管理系统进行对接，可以以低成本的方式获取航船位置、航行方向及流量等数据。

RFID技术具有快速、实时、准确采集与处理信息的能力，在航务管理中有着非常有效的应用，应用范围涉及船舶监控和航务管理两大领域。RFID技术可解决航务管理中船舶通航信息采集、船舶实时监控、安全监管和决策支持等难题；可实现船舶的实时监控、船舶的管理、危险品船舶监控及航道防污、船舶报港及签证管理、船舶规费征收、航运安全监管、事故协查、交通流量统计及智能决策分析。具体包括以下内容。

1）指挥调度功能

（1）执法艇的实时监控。

（2）危险品船舶的实时监控。

（3）其他船舶的实时监控。

（4）应急指挥与事故处置。

2）航务管理功能

（1）船舶管理（船舶登记、船舶证件发放和一卡通等）。

（2）通航管理（水上水下施工作业许可证、水上通航环境治理和事故处理等）。

（3）船舶检验管理。

（4）航道规费征收管理（航道养护费等）。

（5）智能决策管理（应急指挥和辅助决策）。

7.1.2　硬件指标

本章以一个具体项目为例，提出使用主动式 RFID 技术进行内河船舶监控的方案。本项目实施旨在通过在内河重要航道和营运船舶上安装 2.4 G 有源 RFID 相关设备，并利用现有网络和硬件资源，为上层系统提供有效的监控数据，并为业务决策提供信息保障，提高现有监管系统的信息化水平，项目系统框图见图 7-1 所示。

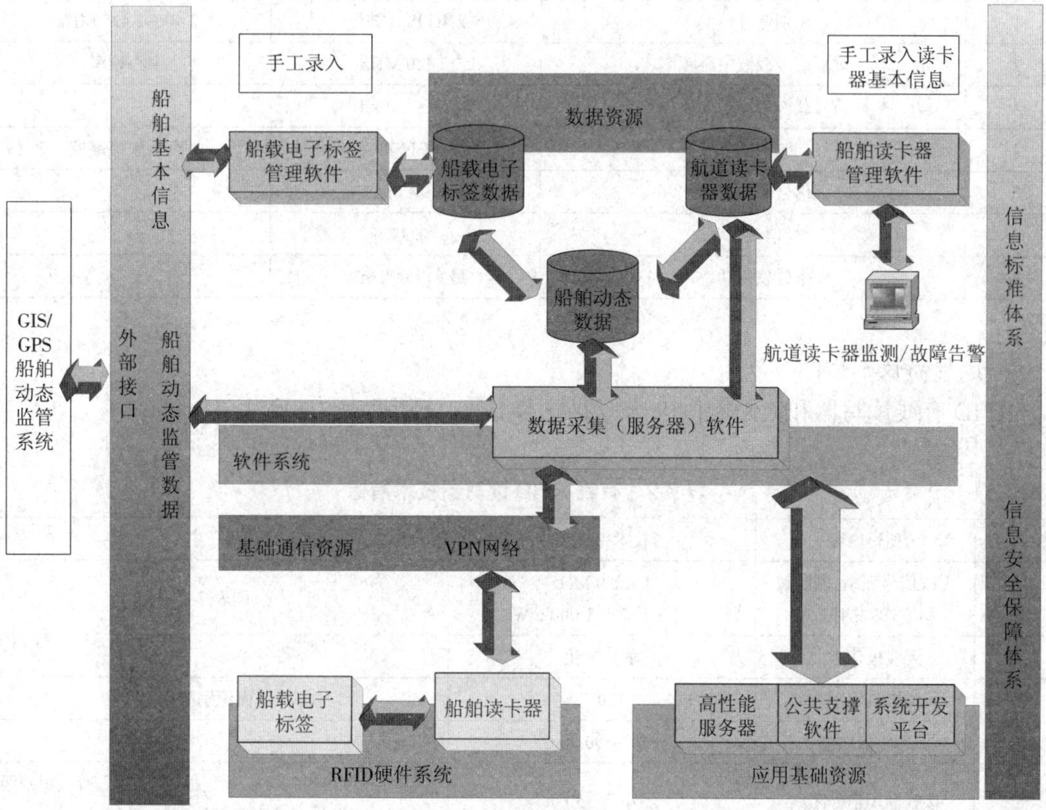

图 7-1　项目系统框图

本项目技术实施方案主要包括 2.4 G 有源 RFID 相关硬件技术指标要求、固定或安装方式、数据传输方式、RFID 的编码规则、相关系统软件等部分。

1. 读写器设备类型

RFID 读写器将根据杭嘉湖地区的航道特点和监控点的位置,需要采用两类读写器:有线读写器和太阳能无线读写器。

1)有线读写器

有线读写器采用市电供电,读写器与服务器之间的数据传输依靠有线方式,通过串口服务器与服务器进行数据通信。

2)太阳能无线读写器

太阳能无线读写器采用太阳能方式供电,读写器与服务器之间的数据传输依靠 CDMA 网络(或 GPRS 网络),即数据无线传输方式。

2. 相关技术指标

1)射频通信技术指标

射频信号技术指标见表 7-1 所示。

表 7-1 RFID 射频信号技术指标

编号	项目内容	指标参数	备注
1	识别信号频率	2.4G ISM 波段	2 400~2 425 MHz
2	识别信号载波中心频率	2 420 MHz	中心频率
3	信号载波中心频率误差	最大 $\pm 50\times10^{-6}$	
4	调制解调方式	GFSK	高斯频移键控
5	信号使用速率	1M bps	
6	通信误码率	<0.001%	
7	信号发射功率	最大 1 000 mW	

2)读写器技术指标

RFID 有线读写器和太阳能供电读写器技术指标,分别见表 7-2 和表 7-3。

表 7-2 有线 RFID 读写器技术指标

编号	项目内容	技术指标值	备注
1	无线信号频率,调制解调方式,发射功率	2 420.0 MHz GFSK 最大 1 000 mW	同表 7-1
2	天线极化方向	垂直极化	
3	天线接收水平方向	120°	正面识别防伪
4	接收灵敏度	-80 ~-90 dbm	
5	接收标识信号距离	不小于 150 m	标准 1 mW,3 dbi 天线,垂直极化条件下,有效识别距离不小于 150 m
6	识别速度	200 km / h 以内	一般船舶行驶、颠簸、浪涌不影响正常工作

续表

编　号	项目内容	技术指标值	备　注
7	防冲突性	支持多标签识别，多达同时识别100个标签的防冲突性能	支持同时识别多个船舶电子标签数据，不小于100个
8	防雷设计	具备防雷设计	全天候工作，各种气候下正常
9	电源	直流供电 DC 7~12 V	平均电流 <30 mA，采用外部供电方式，供电电缆最长长度不能 <80 m
10	数据总线	采用两线 RS485 模式	可靠通信下最长数据总线不能 <80 m
11	工作温度范围	-40 ～+80 ℃	
12	保存温度	-60 ～+85 ℃	
13	防护等级	IP67	尘埃无法进入 严酷的条件下，持续浸泡在水里将不会造成有害影响
14	电缆封装以及接口防护	一般情况、工作时间 >10 年	必须采取可靠封装方式
15	工作寿命	10 年	

表 7-3　太阳能无线读写器技术指标

编　号	项目内容	技术指标值	备　注
1	太阳能板功率	55 W	
2	太阳能工作电压	<17 V	
3	太阳能板额定电流	>2 A	
4	其他参数		同表 7-2
5	数据传输方式	CDMA/GPRS	

3)有源电子标签技术指标

RFID 有源电子标签技术指标如表 7-4 所示。

表 7-4　RFID 有源电子标签功能技术指标

编　号	项目内容	技术指标值	备　注
1	无线信号频率，调制解调方式，发射功率	2420.0 MHz，GFSK 1000 kbps 发射功率 1 mW	如表 7-1 所示
2	天线极化方向	垂直极化方向	
3	天线增益	2~3 dbi	
4	数据存储量	最大支持 256 B	支持灵活的业务数据承载方式
5	接收灵敏度	-80～-90 dbm	一般不接收信号，初始信息写入除外，工作时采用单向主动发射信号方式
6	工作温度范围	-40～+80 ℃	
7	保存温度	-60～+85 ℃	

续表

编　号	项目内容	技术指标值	备　注
8	防护等级	IP67	尘埃无法进入； 严酷的条件下,持续浸泡在水里将不会造成有害影响
9	工作寿命	3年	3年之后可换电池

3. 电子标签的安装

电子标签外形为长方体,其尺寸可进行定制,以便于安装为宜。标签正面印有代表标签ID的条形码和数字,下方可设计有电池盒背盖,并可打开利于电池更换。背面有强力胶条,并在4个角上设有固定孔,它将和胶条起到双重固定的作用。

一般情况下,电子标签正面朝外,采用3 M胶固定于船舶前舱挡风玻璃的右上角上。其他特殊情况,可利用4个固定孔来进行固定。

4. 电子标签编码

RFID电子标签ID采用5位字节表示。为方便管理，5字节采用BCD数字方式,编码范围为0000000000~9999999999,用户可根据实际使用的情况,对标签ID进行区段划分,定义自己的ID的含义,便于管理。

制作电子标签并将数据录入计算机后就可将其发放给用户,并监督其安装。

7.1.3 硬件设计

1. 读写器硬件设计

本案例中涉及两种安装RFID读写器的环境:一种为可提供市电的环境;另一种为需使用电瓶供电的野外环境。第一种读写器主要布设在航道管理所附近,主要使用串口与服务器通信,供电可从建筑中引出,其结构图见图7-2。另一种读写器主要布设在没有市电的野外地区,因此需要电瓶结合太阳能进行供电,通信方式主要使用GPRS或CDMA网络,其结构图见图7-3。

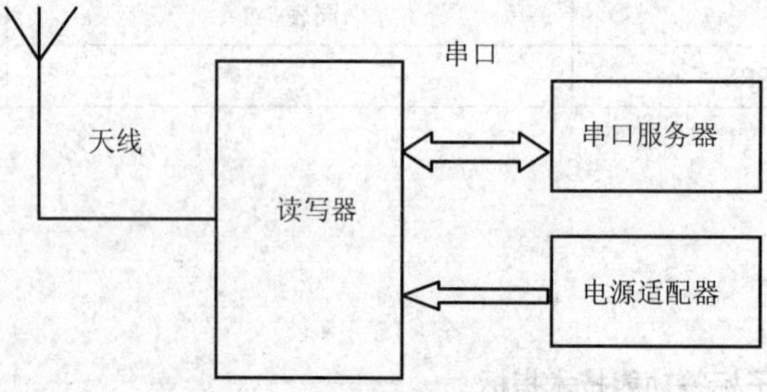

图7-2　普通读写器结构图

RFID读写器的核心部分为控制与射频电路,本项目采用了TI公司生产的MSP430F149单片机作为控制芯片,其功耗低、接口资源丰富,完全满足对野外读写器与普通读写器的使用要求。在射频部分,使用了NORDIC公司生产的nRF24L01射频收发芯片,实现了读写电子标签的功能。

MSP430F149与nRF24L01之间使用SPI接口进行连接,原理图见图7-4。在微控制器中,用到了6个I/O口与射频模块连接,其中

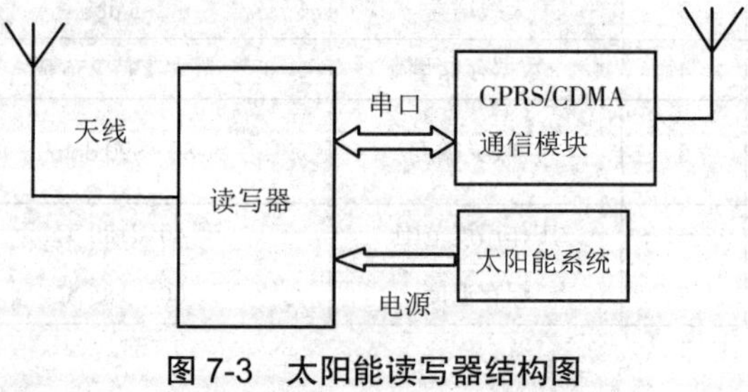

图7-3　太阳能读写器结构图

4 个用于 SPI。图中示出了 4 线 SPI 的连接,射频芯片作为从设备,单片机作为主设备。当射频芯片接收到信号时,需要通过 IRQ 管脚对单片机发出中断请求,请求控制其接收数据。CSN 平时状态为高电平,当需要使用 SPI 时, CSN 在其下降沿启动 SPI 口的数据传输, SCK 提供时钟,MOSI 与 MISO 发送数据。

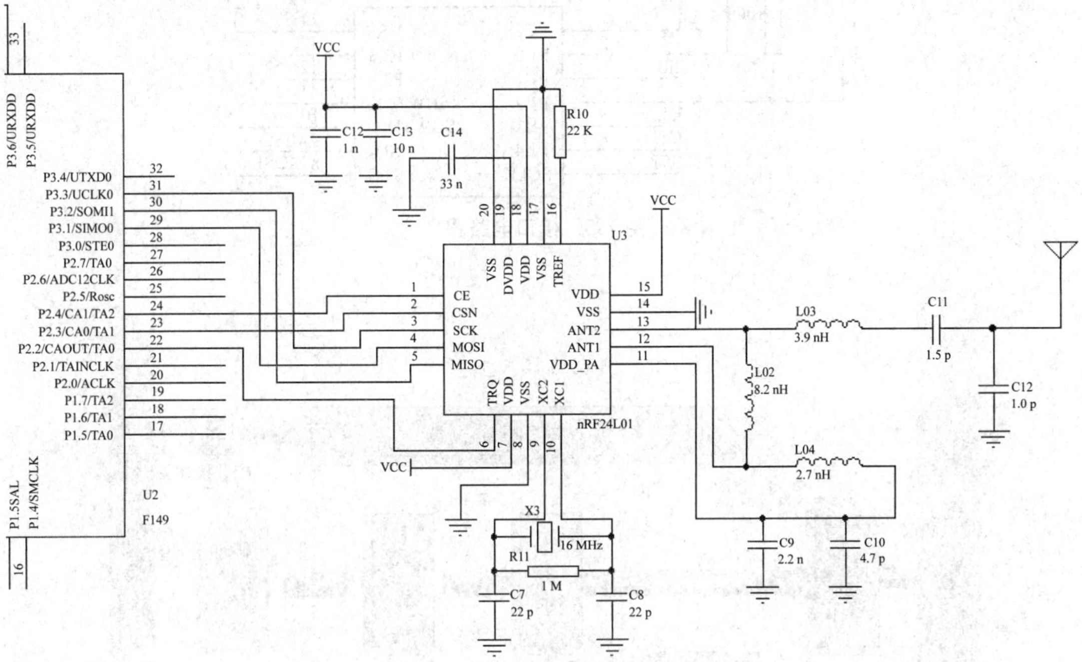

图 7-4　电路原理图

2. 电子标签硬件设计

电子标签的硬件结构与读写器相似,核心部分为单片机控制射频芯片收发无线信号。由于标签采用电池供电,因此要选用一款低功耗的主控芯片,这里选择使用 TI 公司生产的 MSP430F2012。MSP430F2012 是一种超低功耗的微控制器,低电压范围为 1.8~3.6 V,待机状态耗电仅为 0.5 μA,并具有五种省电模式,允许中断事件切换省电模式,很适合应用于电池供电的长时间工作的场合。

MSP430F2012 的接口电路图见图 7-5。管脚 3、5、6、7、8、9 与射频芯片连接,完成片选、时钟同步、通信等工作,射频部分电路与读写器相同。管脚 10、11 为 MSP430F20×× 系列产品中名为“Spy Bi-Wire”的调试接口,此接口方式采用是 2 线制,分别为 SBWTCK(时钟)和 SB-WTDO(数据线)。

7.1.4　软件设计

1. RFID 数据服务器软件

1)功能需求

软件能完成多个 RFID 读写器对电子标签数据的采集,并将数据处理后,按指定格式存储于 SQL Server 数据库，同时将信息以指定格式要求通过接口与应用系统对接。其数据采集逻辑框图见图 7-6。

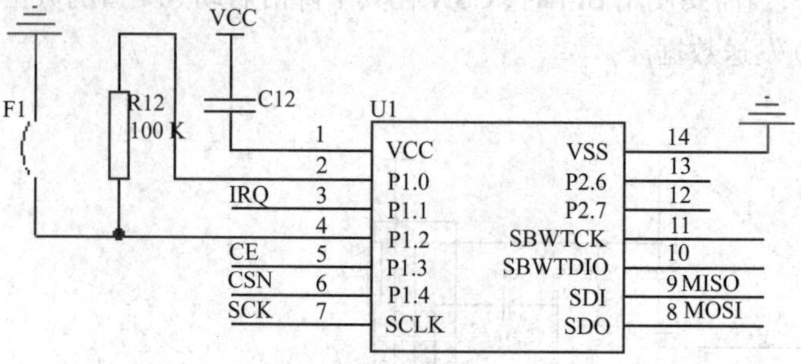

图 7-5 接口电路图

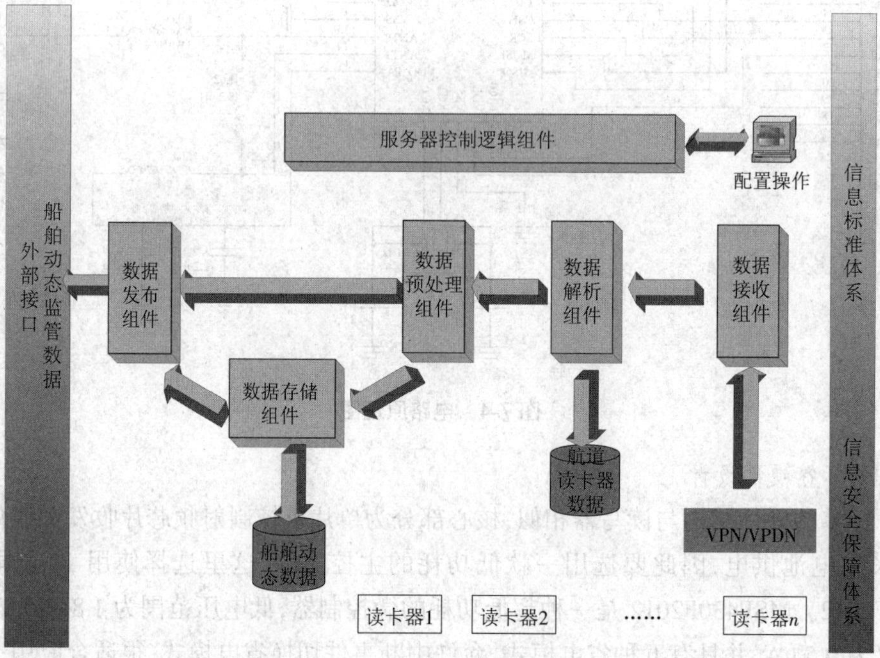

图 7-6 数据采集逻辑框图

软件包括以下几个重要模块。

（1）数据通信模块：建立与多个 RFID 读写器的可靠数据链路，完成指令下发和信息接收，能够并发处理多个 RFID 读写器的连接建立、连接销毁、发送和接收。

（2）数据解析模块：依据 RFID 读写器与上位机间的通信协议，完成协议的解析，将接收到的电子标签 ID 信息转换成指定格式。

（3）数据存储模块：将解析后的数据存储于 SQL Server 数据库中，实现透明数据库增删改查操作。

（4）数据接口模块：依据与应用程序的预定义接口，完成接口中数据的准备和发送。

（5）日志模块：服务器日志。

2）技术指标

（1）服务器连续稳定运行 3 个月以上。

（2）支持至少 1 024 个并发 RFID 读写器。

（3）能够处理链路中断等网络异常。

（4）能够处理数据传输过程中的异常。

（5）实现数据去重、清理。

（6）能够处理不规则数据引起的异常。

2. RFID 读写器管理软件

1）功能需求

完成 RFID 读写器的管理：RFID 读写器的属性信息管理、RFID 读写器在线离线检测、RFID 读写器故障检测及诊断、RFID 读写器异常离线告警；完成与应用平台的接口（RFID 读写器的属性信息）；完成 RFID 读写器的流水记录或日志。

2）技术指标

（1）支持至少 1 024 个并发 RFID 读写器的在线检测。

（2）能够处理 RFID 读写器故障检测及诊断（网络中断、接收 / 发送模块异常、电压异常、接口异常等）。

（3）RFID 读写器的在线检测的心跳周期 5~10 s。

（4）RFID 读写器异常离线告警时延小于 1 min。

3. RFID 电子标签管理软件

1）功能需求

完成电子标签（卡）的条形码录入；与应用程序中船舶信息的接口；完成卡管理，包括发卡、卡注销、卡变更操作，查询任意卡的状态。

2）技术指标

（1）采用 B/S 架构。

（2）终端机支持条形码扫描设备（串口）。

（3）发卡操作简便。

（4）与应用系统接口良好。

7.2　图书馆管理系统

7.2.1　应用背景

信息技术的发展改变了图书馆传统的管理与运行模式。智能图书馆充分利用 RFID 技术、传感器技术、无线通信技术及计算机网络技术等多种技术，实现文献信息资源感知、环境感知和人员感知，形成一个集服务与管理为一体的全方位、智能化的体验环境。智能图书馆只有通过现代化的技术手段，将学科资源数字化、信息化、网络化，才能使这些宝贵的学科资源成为可以再生、共享、充分利用的优质资源。

1. 当代图书馆的发展

纵观图书馆的近代发展，可以看出其经历了以下几个阶段。

1）传统图书馆

传统图书馆的管理全部依靠人工完成，包括图书的登记、图书的借还、图书的索引及相关防盗措施等。由于工作全部由人工完成，所以无法避免错误的发生。

图 7-7　自助借还书机具

2）自动化图书馆

自动化图书馆的管理不再全部依靠人工，计算机与条形码技术的应用成为这一阶段的主要标志。每本图书中都贴有条形码，管理人员可通过使用扫描工具对图书进行登记、借还操作，也可以使用机器来实现自助借还书，如图 7-7 所示。在防盗方面，由于采用了门禁系统，可以大大地降低图书丢失情况的发生，其模型见图 7-8。

3）数字化图书馆

数字化图书馆就是收集或创建数字化馆藏，集成了各种数字化技术，如高分辨率数字扫描和色彩矫正、光学字符识别、信息压缩及转化等，把各种文献替换成计算机能识别的二进制系列图像，在安全保护、访问许可和记账服务等完善的权限管理之下，经授权的信息利用因特网的发布技术，实现全球信息共享。

2.RFID 应用于图书馆的意义

尽管图书馆在顺应着信息化的方向发展，在管理、服务等方面做出改革并不断突破，但是面对海量的图书和激增的读者群，如何使用科学的技术实现智能图书管理，提高图书馆读者服务工作的效率，对图书馆界来说，仍然是一个巨大的挑战。

RFID 技术在 20 世纪末开始被应用于国外图书馆中，特别是在经济发达的美国、新加坡、澳大利亚、日本及新西兰等国家，美国居于世界领先地位，随后是英国与日本，近几年印度的多家图书馆也相继采用了该技术。国外的应用相比国内要早，其功能的运用也更加深入和全面。RFID 技术在图书馆界大规模的使用开始于 2005 年，尤其在近几年，国内采用 RFID 技术的图书馆的数量也在不断攀升。

图 7-8　门禁系统

与传统的条形码技术相比，RFID 的读取速度更快，操作更智能，可以实现同一时间内同时读取多个电子标签的信息，而且其生存能力也更强。如自助借还书，读者不再需要排队等待管理员逐一进行扫描条形码、消磁，而可以通过 RFID 读写器进行自助式操作，且同时可以完成多本图书的操作，大大地提高了效率。而且使用该技术可以进行全天候的操作，不必受到工作人员上班时间的制约。从管理者的角度来看，对海量图书的管理不必对每本图书逐一清点，使用扫描功能即可在很短的时间完成大量的清点与整理工作。在整理过程中，只需要在读写器中输入要检查的书名或代码，沿着书架进行范围扫描，一旦发现排架错误的情况，系统会给出报警信息，降低了错误发生的可能。

7.2.2　RFID 基本应用功能

目前图书馆中广泛使用的是磁条和条形码技术，但随着现代社会的发展，读者对图书馆的各种服务要求也越来越高，简单的磁条与条码技术已不能满足要求。引入物联网的关键技术之一的 RFID 技术，可以自动识别、采集和记录图书的各种信息，在很大程度上提高了图书馆的服务效率，必然会赢得在转型期的图书馆的青睐。一个典型的基于 RFID 技术的图书馆如图 7-9 所示。

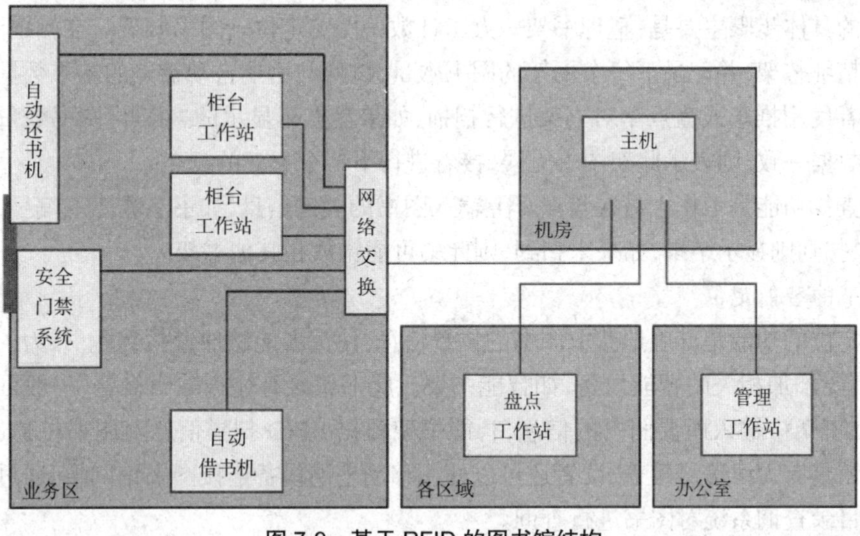

图 7-9　基于 RFID 的图书馆结构

在 RFID 技术的支撑之下，图书馆可以突破传统服务的瓶颈，形成以读者为中心的全开放、自助服务和集中服务的全新体验。在日常实际工作中，图书馆管理人员最烦琐的工作就是图书的借还与图书的盘点，而这些烦琐工作都可以依靠先进的技术将人员解放出来，还可以大大地降低出错的概率。下面主要对图书馆主要应用 RFID 技术的业务进行介绍。

1. 读者自助服务

读者自助服务是根据读者自身的阅读兴趣、研究方向及需求偏向而自主完成与图书相关的操作过程，实现图书的自助服务。该操作主要包括借书、还书、预约、续借、缴费及借书证的挂失与解挂。

自助服务主要依靠自助服务终端机具完成,此设备内置 RFID 读写器,并配备显示设备、输入设备、网络设备及各种接口等。读者要借还书时,只需要将图书放置在相应区域,并根据显示屏中的文字提示,一步一步进行操作,读写器会根据读者输入的信息对数据库中的数据进行相应修改。

预约服务可以在自助终端机具上查询图书,并进行预约。图书馆管理员定期处理预约申请,并将预约图书放入预约书架供读者取阅。续借服务为当读者已借图书即将到期,而又需要继续使用时,可在到期之前通过自助终端机进行续借操作,当审核通过后,即可延长借书时间。

使用自助缴费服务时,读者可以在自助终端设备上借助相关软件,把图书证与金融卡进行绑定,通过此软件读者可以使用金融卡缴纳逾期未还图书的罚款。

当读者的图书证出现丢失情况时,可以通过自助服务迅速进行挂失;在重新办理图书证后,可以进行自助解挂操作,这样大大地降低了图书证被盗用的风险。

2. 图书的盘点

图书盘点是图书馆的日常工作之一,一般是利用推车式或便捷式两种类型的设备对书库或书架上的图书进行清点,可以及时发现错架图书以防止丢失。该工作主要包括图书归架、新书上架、图书整理及图书查找等。

盘点的具体步骤主要是:整理书架—人工计数—图书定位—图书归架。在扫描图书之前,需要进行精细整架,并记录下每个书架的图书数量,以便与后期自动盘点的结果数据进行比较分析。接着使用推车式盘点车对书架进行扫描,如果盘点车显示的"在架"图书数量与之前人工统计的数据一致,则表示此架图书无误,接着进行下一个书架的盘点。

图书查找功能是工作人员在盘点车上输入图书的关键信息,如书名或图书编号,在进行扫描后,如果扫到则显示结果,如果未扫到,则此书可能错放在其他书架。

3. 图书的智能定位

智能定位的功能是准确地获取图书的位置信息,使读者能够快速找到此书,为了配合定位服务,还需要添加相关的智能设备,如智能书架。此书架含有输入输出设备,一般可使用触摸屏,读者在书架中输入所要图书的信息,智能书架根据 RFID 扫描信息对图书位置进行反馈。如果图书馆具有无线信号覆盖,读者还可以使用移动上网设备连接图书馆网络,通过访问图书馆的图书目录查询系统对图书进行查询。

基于 RFID 技术的图书定位服务的应用,不仅能够判断图书的应在位置,还能准确地定位到图书,从根本上解决了海量图书查找难的问题,方便了读者找书,也方便了工作人员清点和整理等工作。

4. 图书防盗

安全防盗是最基本且最重要的一项应用功能,图书馆 RFID 系统的防盗方案可以采用基于 RFID 的数据库、AFI(应用家族标识)、EAS(电子商品防盗)等手段。使用 RFID 作为防盗手段时,还需配备相应安全门等设备。每本书中所携带的电子标签根据馆藏状态在数据库中被更新,当状态为"在馆"的图书移动到安全门之外时,系统将会进行报警。

5. 其他功能

RFID 的扩展功能是强大的，随着不同时期的不同需求，系统可以不断地进行修改和完善，也可以不断地挖掘深层次的应用功能。RFID 系统在图书馆中，还可应用于仪器设备的管理和检测，不但书本中使用电子标签，仪器设备上同样可以携带电子标签，当设备的物理位置发生移动或设备丢失时，均可使用 RFID 技术进行跟踪，以确保设备安全可靠。使用 RFID 还可以提供个性化的学科服务，即利用 RFID 所获得的数据进行深层次的分析和应用，可以统计书籍利用率和读者的读书倾向等，以此可以针对具体学科为读者进行推荐等服务。

7.2.3　技术指标

国内外采用 RFID 技术的图书馆一般选择超高频段系统，即通信频率为 860~960 MHz。不同频段的系统有不同的特点以及应用领域，超高频（UHF）RFID 的优点为工作距离远，可以大量读取电子标签，数据传输速率高等，缺点为发射功率受到限制，而且无线信号受某些材料的影响较大，如水、灰尘等。目前，市场上超高频的 RFID 系统发展最快，广泛地应用于生产、物流及仓储等的管理中，图书馆的应用也在其中。

1. 标准体系

目前超高频 RFID 技术处于多种标准共存的状态，国际上主要使用三种标准体系：ISO/IEC 体系、EPC Global 标准体系和 UID 标准体系。UID 标准体系主要得到了日本本地厂家的支持，其在全球的影响力远不如 EPC Global 与 ISO/IEC 标准体系。

1）ISO/IEC 标准

ISO/IEC 是国际化标准组织 ISO（International Organization for Standardization）和国际电工委员会 IEC（International Electronical Commission）联合推出的 RFID 空中接口标准，其中规定了多标签的防碰撞协议、命令格式及通信信号形式等，为读写器与电子标签之间的通信命令提供了全面的定义。编码标准与通信协议构成了本标准的核心，ISO 18000 标准是最早制定的关于 RFID 各个频段的空中接口标准，其中 ISO 18000-6 标准定义了 860~960 MHz UHF 频段的空中接口。

2）EPC Global 标准体系

美国统一代码协会（UCC）和国际物品编码协会（EAN）在 2003 年 9 月共同成立了 EPC Global 组织，该组织是非营利的组织。EPC Global 的主要作用是在遵循该公司制定的技术规范的前提下，建立一个 EPC Global 网络，该网络主要是向全球的电子标签用户提供标准化服务。

对于 RFID 技术，EPC Global 基本上是专注于 860~960 MHz 的工作频段，主要标准是 EPC Global Class1 Gen 2，包括空中接口协议和一致性测试需求两个部分。它规定了硬件产品的空中接口性能，是 RFID 技术、Internet 和 EPC 标识组成的 EPC Global 的网络基础。

3）UID 标准体系

UID 是泛在识别中心（Ubiquitous ID Center）的缩写。该中心是由日本政府牵头、日本厂商参与的有关电子标签的标准化的组织。日本泛在中心制定 RFID 相关标准的思路类似于

EPC Global,目标也是构建一个完整的标准体系,即从编码体系、空中接口协议到泛在网络体系结构,但每一部分的具体内容存在差异。

为了制定自主知识产权的RFID标准, UID在编码上制定了ucode编码体系,可以兼容日本已有的编码,也可以兼容国际其他标准的编码体系;在空中接口上与ISO相关标准兼容。

2. 射频信号通信技术指标

UHF频段射频信号技术指标如表7-5所示。

表7-5 射频信号技术指标

编号	项目内容	指标参数
1	识别信号频率	860~960 MHz
2	中心频率	900 MHz
3	信号载波中心频率误差	最大 10×10^{-6}
4	调制方式	DSB-ASK,SSB-ASK,PR-ASK
5	信号发射功率	最大20 dbm

3. 读写器技术指标

UHF读写器技术指标见表7-6。

表7-6 UHF读写器技术指标

编号	项目内容	技术指标值
1	标签协议	EPC Global UHF Class 1 Gen 2 / ISO 18000-6C
2	接收灵敏度	-82 dbm
3	发射功率	内置功放20 dbm
4	接收标识信号距离	5米@20 dbm发射功率
5	识别速度	900个标签 / s
6	电源	直流供电DC 3.7~5 V
7	最大工作电流	1.5 A
8	工作温度范围	-25 ~+65 ℃
9	保存温度	-40~+80 ℃

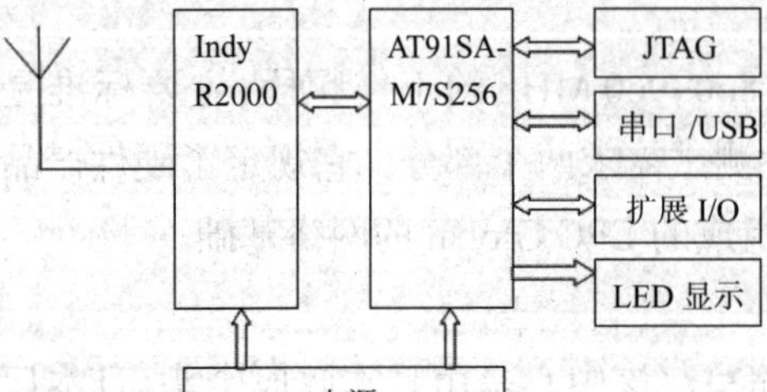

图7-10 原理框图

7.2.4 读写器硬件设计

在这里仅介绍图书馆RFID系统的基本型读写器,可用于图书盘点和查找等操作。读写器由主控芯片、射频芯片、外设接口电路及电源电路组成,原理框图见图7-10。主控芯片选用ATMEL公司生产的AT91SAM7S256芯片,此芯片是32

位的高性能 ARM 芯片，具有较高的指令处理能力与实时中断响应能力。其片内资源丰富，包括 256 kB 的高速 Flash、64 kB 的 ARAM 以及 1 个 USB2.0 端口、2 个 UART 端口与 JTAG 接口，大大地方便了用户的开发。

射频收发电路方案采用 UHF 专用射频芯片，目前应用较成熟的有 Impinj 公司生产的 Indy R2000，本书介绍的读写器即使用此芯片。Indy R2000 内部功能框图见图 7-11。

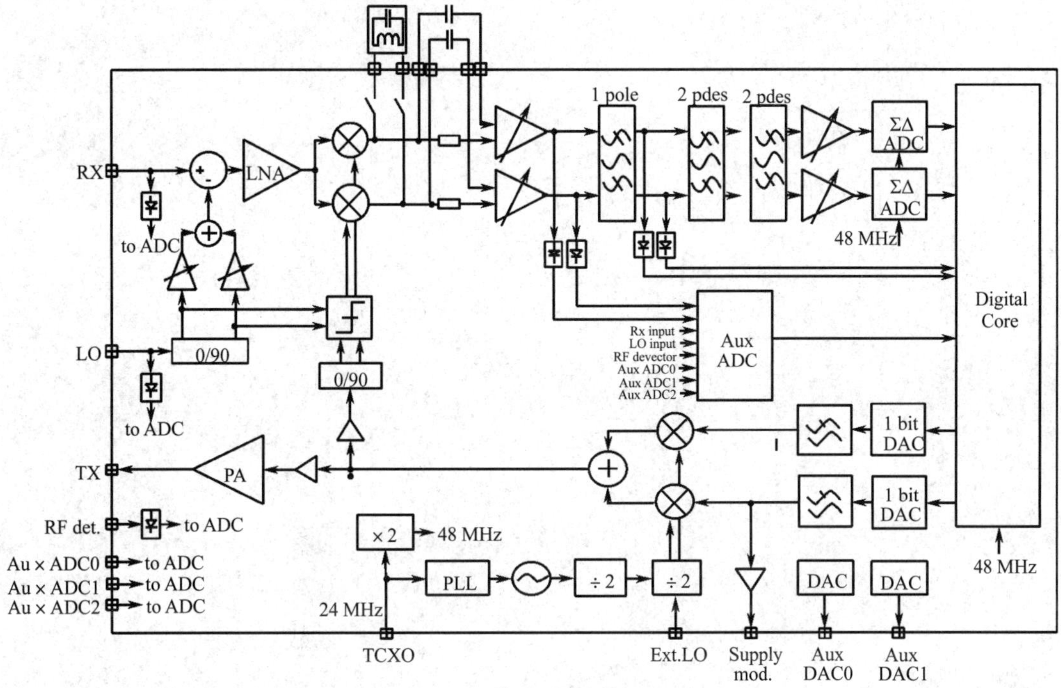

图 7-11　Indy R2000 内部功能框图

Indy R2000 芯片完全支持 EPC global 超高频第一级第二代标准与 ISO 18000-6C 标准，可以实现协议规定的编解码、组帧和 CRC 校验等。Indy R2000 与主控芯片通过 SPI 接口通信，主控芯片可通过射频芯片对电子标签进行必要的控制，可接收标签信息并进行进一步处理。

习题 7

7-1　主动式 RFID 系统还可应用于哪些领域？试举一个例子。

7-2　被动式 RFID 系统还可应用于哪些领域？试举一个例子。

7-3　被动式 RFID 有哪些国际标准？

7-4　主动式 RFID 的主要特征有哪些？

7-5　RFID 应用系统中，数据的传输方式有哪些？

7-6　什么是中间件？中间件的作用是什么？

第二篇　实验部分

本篇主要根据工作频率将 RFID 系统进行区分，分章设计了四部分实验，分别为低频 RFID 系统实验、高频 RFID 系统实验、超高频 RFID 系统实验及 2.4 GHz 频段的主动式 RFID 系统实验。在每章中涉及了 RFID 系统的硬件构成、协议命令及设计性实验，可以使读者在实验中加深对 RFID 的认识，掌握常用 RFID 系统的设计方法。

第 8 章 低频(LF)RFID 系统实验

8.1 验证性实验

实验 1 低频 RFID 系统硬件组成

1. 实验目的

熟悉并掌握低频 RFID 系统的硬件组成及常用芯片的使用。

2. 实验设备

RFID 综合实验系统(北京奥尔斯公司生产)。

3. 实验原理

本低频 RFID 系统模块由三部分组成,分别为控制电路、串口电路及射频电路。主控单片机选择 ATMEL 公司生产的 ATMega128 A,串口传输使用美信公司生产的 MAX3232 芯片,基站芯片使用 ATMEL 公司生产的 U2270B 芯片。U2270B 芯片作为核心芯片,完成对低频电子标签的读写操作。低频 RFID 系统框图如图 8-1 所示。

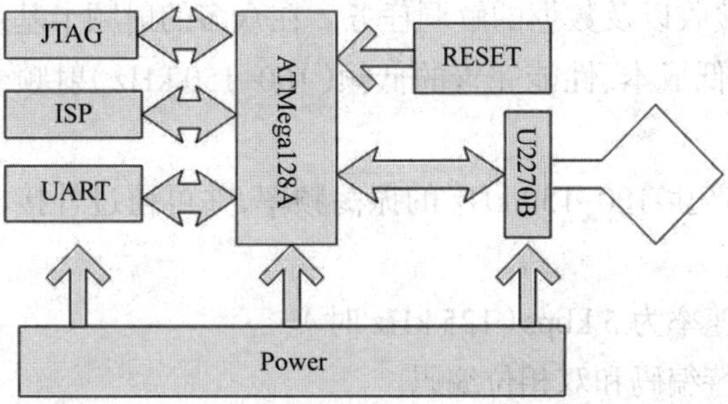

图 8-1 低频 RFID 系统框图

ATmega128A 是 ATMEL 公司生产的一款高性能、低功耗的 8 位单片机,其主要特点有如下几个方面。

1)高级 RISC 结构

具有 133 条指令,大多数指令执行时间为单个时钟周期;32 个 8 位通用工作寄存器 + 外设控制寄存器;工作在 16 MHz 时吞吐量高达 16 MIPS。

2)具有高耐久度非易失性存储器

128 kB 的系统内可编程 Flash 程序存储器;4 kB EEPROM ;4 kB 的片内 SRAM;多达 64 k

字节的外部存储空间等。

3）JTAG（兼容 IEEE 1149.1 标准）接口

符合 JTAG 标准的边界扫描功能；可以通过 JTAG 接口实现对 Flash、EEPROM、熔丝位和锁定位的编程。

4）外设特点

2 个具有独立预分频和比较模式的 8 位定时器 / 计数器；2 个具有预分频、比较模式和捕捉模式的 16 位定时器 / 计数器；2 路 8 位 PWM 通道；6 路分辨率可编程的 PWM 通道；8 路 10 位模数转换器；双路可编程串行 USART；主 / 从 SPI 串行接口；具有独立片内振荡器的可编程“看门狗”定时器；片内模拟比较器。

5）特殊的处理器特点

上电复位和可编程掉电检测；片内 RC 基准晶振；片内 / 片外中断源；空闲模式、ADC 噪声抑制模式、省电模式、掉电模式、待机模式和扩展待机模式 6 种睡眠模式；软件可选的时钟频率；全局上拉禁止功能。

6）I/O 和封装

53 个可用 I/O 口；封装为 TQFP64 和 QFN/MLF64。

7）工作电压

2.7~5.5 V 。

8）速度等级

0~16 MHz 。

在射频卡应用系统中，射频卡读写器的关键芯片是射频卡基站芯片，它主要用于完成数据的调制、发射和射频的接收以及数据的解调任务。在众多的射频卡基站芯片中，ATMEL 公司生产的 U2270B 是一种低成本、性能完善的低频（100~150 kHz）射频卡基站芯片，其主要特点如下。

（1）载波振荡器能产生 100~150 kHz 的振荡频率，并可通过外接电阻进行精确调整，其典型应用频率为 125 kHz。

（2）典型数据传输速率为 5 kbps（125 kHz 时）。

（3）适用于曼彻斯特编码和双相位编码。

（4）带有微处理器接口，可与单片机直接连接。

（5）供电方式灵活，可以采用 + 5 V 直流供电，也可以采用汽车用 + 12 V 供电，同时具有电压输出功能，可以给微处理器或其他外围电路供电。

（6）具有低功耗待机模式，可以极大地降低基站的耗电量。

（7）125 kHz 时的典型读写距离为 15 mm。

（8）适用于对 TEMIC 的 e5530 / e5550 / e5560 射频卡进行读写操作。

U2270B 引脚图如图 8-2 所示，采用 16 引脚 SO16 贴片封装，引脚定义如表 8-1 所示。

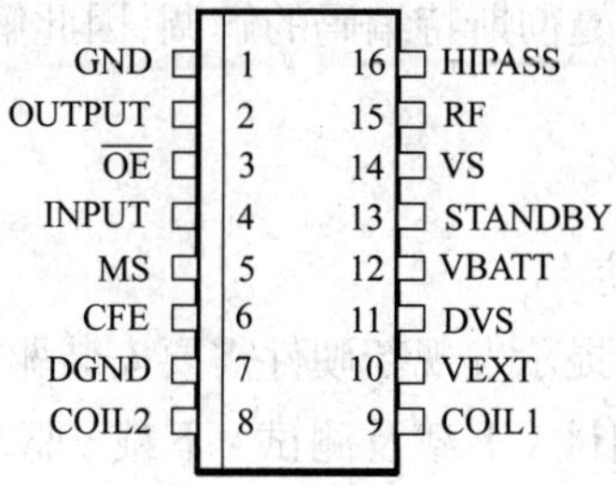

图 8-2 U2270B 管脚图

表 8-1 引脚定义

引脚号	符号	功能描述
1	GND	模拟地
2	OUTPUT	数据输出
3	$\overline{OE}$	数据输出使能
4	INPUT	数据输入
5	MS	共模 / 差分模式选择
6	CFE	载波使能
7	DGND	数字地
8	COIL2	天线驱动 2
9	COIL1	天线驱动 1
10	VEXT	外部电源供给
11	DVS	驱动电压
12	VBATT	电池供电
13	STANDBY	待机模式控制
14	VS	内部电源供给
15	RF	射频频率调整
16	HIPASS	高通滤波电容

通过调整 U2270B 的 RF 引脚所接电阻的大小,可以将内部振荡频率固定在 125 kHz,然后通过天线驱动器的放大作用,在天线附近形成 125 kHz 的射频场。当射频卡进入该射频场内时,由于电磁感应的作用,在射频卡的天线端会产生感应电势,该感应电势也是射频卡的能量来源。数据写入射频卡采用场间隙方式,即由数据的“0”和“1”控制振荡器的启振和停振,并由天线产生带有窄间歇的射频场,不同的场宽度分别代表数据“0”和“1”,这样完成将基站发射的数据写入射频卡的过程。对场的控制可通过控制芯片的第 6 脚(CFE 端)来实现。

由射频卡返回的数据流可采用对射频卡天线的负载调制方式来实现。射频卡的负载调制会在基站天线上产生微弱的调幅,这样,通过二极管对基站天线电压的解调即可回收射频卡调制数据流。应当说明,与 U2270B 配套的射频卡(5577 等)返回的数据流采用的是曼彻斯特编码形式。由于 U2270B 不能完成曼彻斯特编码的解调,因此解调工作必须由微处理器来完成,这也是 U2270B 的不足之处。

4. 实验步骤

1)安装 AVR ISP 下载器驱动

插上 USB 下载器,当计算机提示发现新硬件需要安装驱动时,浏览到驱动所在的目录,默认是.\LF-U2270B\ 固件下载及测试 \ 下载及测试 \ 下载 \ 驱动。驱动安装成功后打开设备管理器“控制面板—管理工具—计算机管理—设备管理器”或者“我的电脑上点击鼠标右键—属性—硬件—设备管理器”,可以看到“LibUSB-Win32 Device”的设备。

2)下载固件

正确安装下载器驱动后,将 USB 下载器通过 10P 的杜邦排线与 LF-U2270B 模块的 ISP 下载口可靠连接,如图 8-3 所示。

连接正确后,打开下载软件 AVR_fighter,选择芯片为 Atmega128,接着配置熔丝位,可点击“设置”按钮,并按图 8-4 进行配置,在弹出的对话框里面输入 E4、9C、FF。

图 8-3 下载器连接

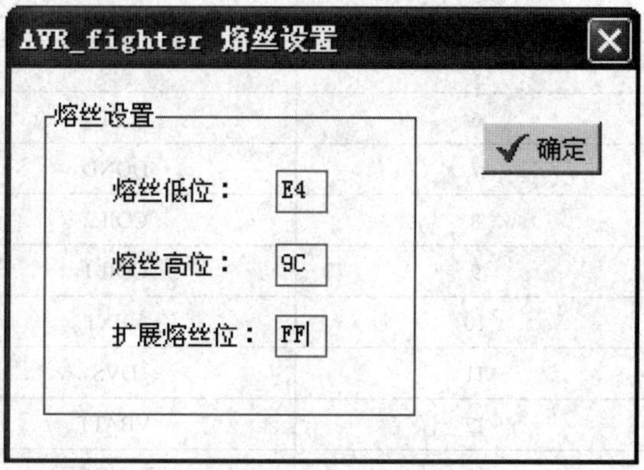

图 8-4 熔丝设置

配置熔丝完成后,分别点击下载软件中的“装 Flash”和“装 EEPROM”按钮,把固件程序装载到下载软件中。装载完成后,进行编程选项的设置,设置如图 8-5 所示,完成设置后点击“编程”按钮即可下载固件程序。

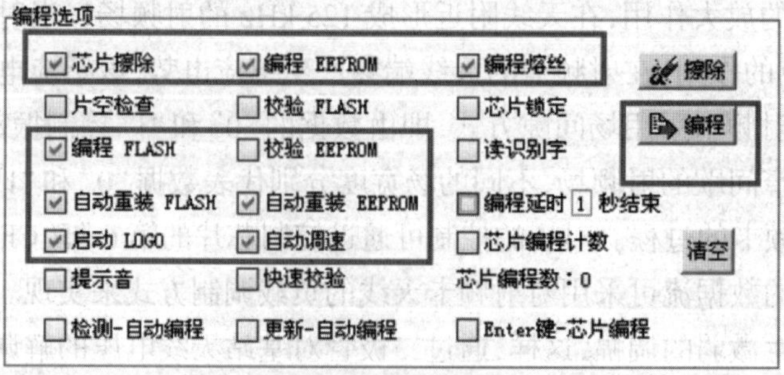

图 8-5 编程选项

3)测试波形

测试位置为 J301 的第二管脚,在使用上位机软件打开发射功能后,使用示波器测量该点,注意此时 RF Field 指示灯的状态,如果点亮则表示载波已经打开。

实验 2　低频 RFID 系统常用命令

1. 实验目的

熟悉并掌握低频 RFID 系统的命令。

2. 实验设备

RFID 综合实验系统(北京奥尔斯公司生产)、PC 机、LF 低频标签卡。

3. 实验内容

把指令包按照功能作用,使用相关实验平台验证并执行指令,可以使读者直观地感受指令执行的情况,并掌握这些指令的作用和使用方法。本实验选取了低频 RFID 系统中常用的几个指令进行介绍,其他实验可参照实验平台提供的实验指导书。

1)获取软件版本指令

Ⅰ. 命令格式

若要获取当前所使用的读写器的版本信息,需要使用本指令(Get Revision Information),其指令格式见表 8-2,命令返回格式见表 8-3。

表 8-2　指令格式

参　数	值	长　度
运算码	CM	2 字符
发送码	REV	3 字符
有效位载荷	不必关心	4 字符
载荷	N/A	

表 8-3　命令返回格式

参　数	值	长　度
返回码	OK	2 字符
有效字节载荷	计算值	4 字符
载荷	SW v X.X+“compile data”	

Ⅱ. 实验步骤

(1)连接设备。使用串口线连接 PC 机与读写器,并通过电源适配器给读写器模块上电。

(2)运行上位机程序。双击打开低频模块对应的程序,其界面见图 8-6。图中左侧为“命令选项”栏，选择不同的命令，在“执行选项”栏中会有相应设置出现。根据选中的命令，在“发送参数”栏会显示相关发送命令的参数，当有数据返回时，参数显示在“回复参数”，界面下方的输出窗口会显示发送与接收的整个过程的数据信息。

（3）选择连接方式。这里选择直连方式后，点击“Connect”连接。

（4）执行命令。在 Command 栏选择“Get Revision Information”命令，点击“Execute”按钮即可，相关参数见图 8-7。

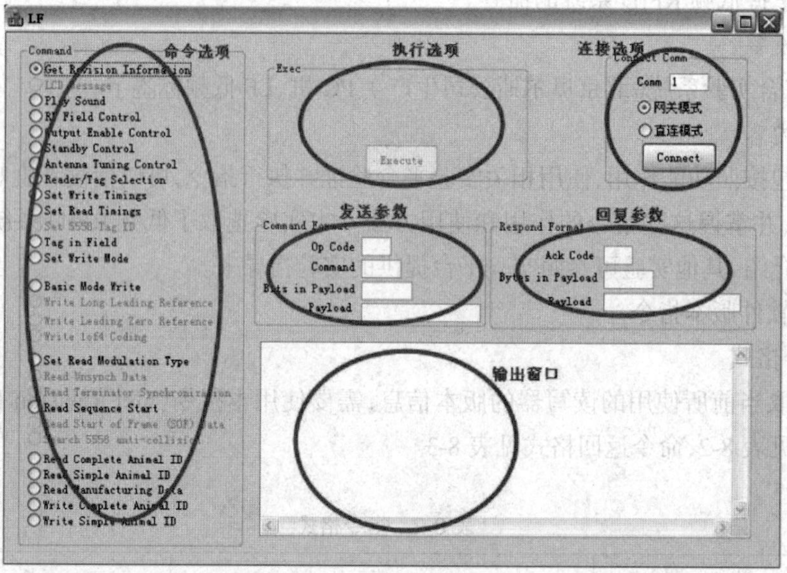

图 8-6 上位机界面

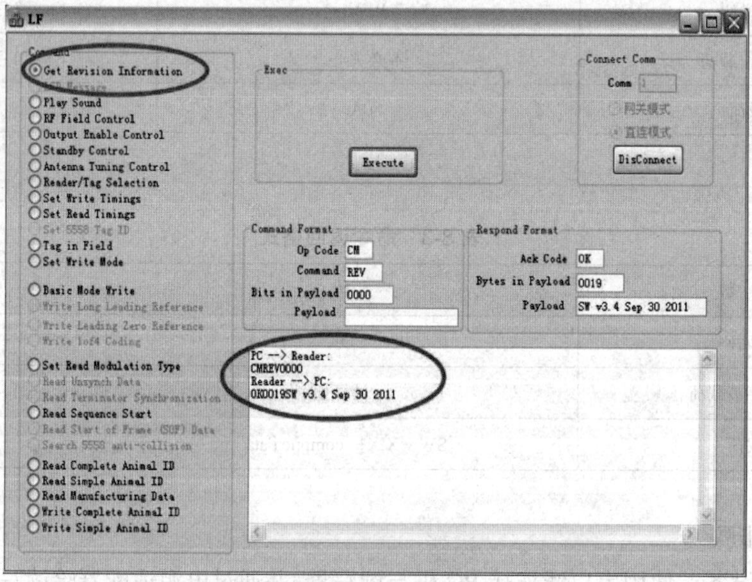

图 8-7 参数设置界面

(5)结果。执行完命令后,可在 Command Format 栏与 Respond Format 栏看到相应参数的变化,在界面下方的输出框中显示该条命令执行的全过程。其中,发送时“CM”为运算码,“REV”为发送码,“0000”为有效载荷位。接受时“OK”表示命令成功执行,“0019”为有效字节载荷,“SW v3.4 Sep 30 2011”为当前硬件版本信息。

2) 射频控制指令

Ⅰ. 命令格式

若要控制当前射频场的打开与关闭,需要使用本指令(RF Field Control),其指令格式见表 8-4,命令返回格式见表 8-5。

表 8-4　指令格式

参　数	值	长　度
运算码	CM	2 字符
发送码	RFC	3 字符
有效位载荷	非零	4 字符
载荷	ON,OFF	最大 3 字符

表 8-5　命令返回格式

参　数	值	长　度
返回码	OK	2 字符
有效字节载荷	calculated	4 字符
载荷		

Ⅱ. 实验步骤

(1)连接设备。使用串口线连接 PC 机与读写器,并通过电源适配器给读写器模块上电。

(2)运行上位机程序。双击打开低频模块对应的程序。

(3)选择连接方式。这里选择直连方式后,点击“Connect”连接。

(4)执行命令。在 Command 栏选择“RF Field Control”命令,在 Exec 栏出现 payload 选项,该下拉选项有“ON”和“OFF”可选,分别代表打开射频场与关闭射频场。选择“ON”后,点击“Execute”按钮即可,相关参数见图 8-8。此时,电路板上 RF 指示灯点亮。

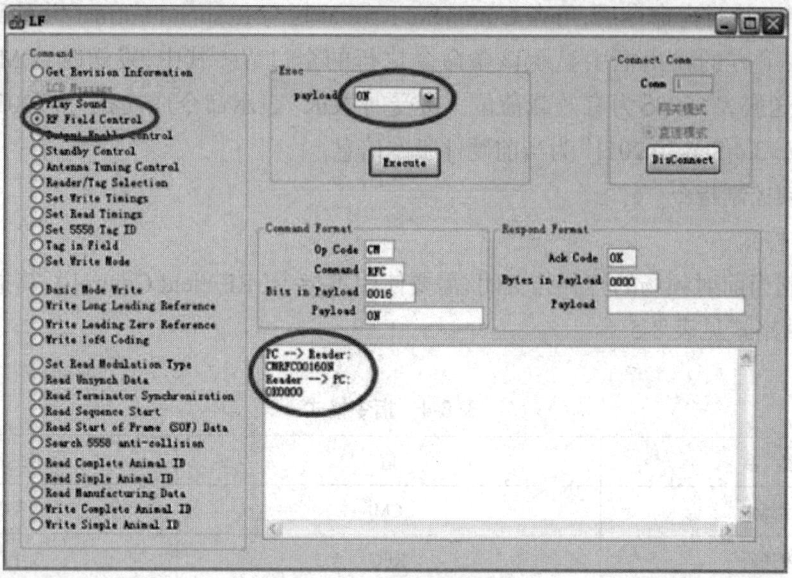

图 8-8　参数设置界面

(5)结果。执行完命令后,可在 Command Format 栏与 Respond Format 栏看到相应参数的变化,在界面下方的输出框中显示该条命令执行的全过程。读写器给 PC 机发送数据“CMRF-C0016ON”,其中“CM”为运算码,“RFC”为发送码,“0016”为有效载荷位,“ON”为开关参数。PC 机给读写器模块发送“OK0000”,其中“OK”表示命令成功执行,“0000”表示有效载荷位字节。

3)标签探测指令

Ⅰ.命令格式

若要检测当前天线范围内是否有标签存在,需要使用本指令(Tag Field),其指令格式见表 8-6,命令返回格式见表 8-7。

表 8-6　指令格式

参　数	值	长　度
运算码	CM	2 字符
发送码	TIF	3 字符
有效位载荷	不必关心	4 字符
载荷	N/A	

表 8-7　命令返回格式

参　数	值	长　度
返回码	OK	2 字符
有效字节载荷	calculated	4 字符
载荷	Tag Present, No Tag	4 字符

Ⅱ. 实验步骤

(1)连接设备。使用串口线连接 PC 机与读写器,将一张电子标签放在天线范围内,连接电源适配器给读写器模块上电。

(2)运行上位机程序。双击打开低频模块对应的程序。

(3)选择连接方式。这里选择直连方式后,点击“Connect”连接。

(4)执行命令。在 Command 栏选择“Tag in Field”命令,点击“Execute”按钮即可,相关参数见图 8-9。注意,在执行此指令前要打开射频场开关,读写器模块中的 RF 指示灯为点亮状态。

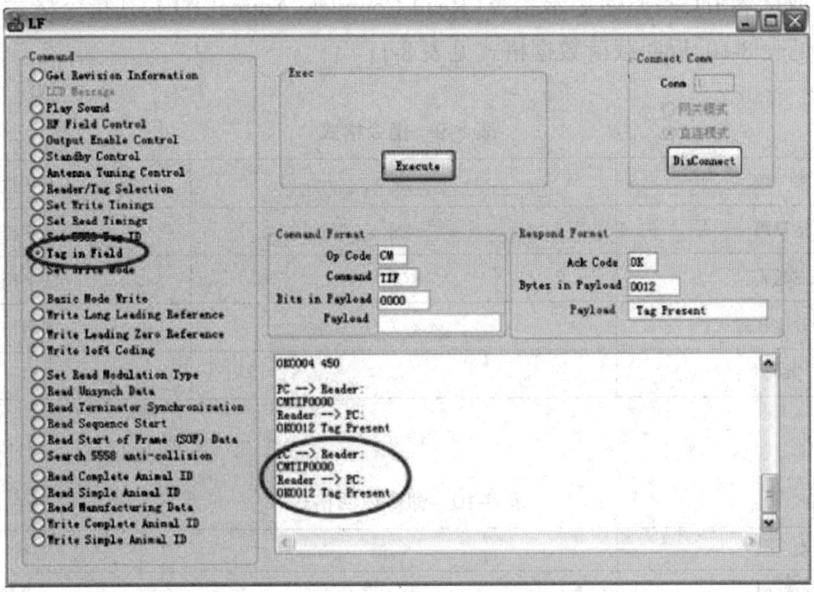

图 8-9　参数设置界面

(5)结果。执行完命令后,可在 Command Format 栏与 Respond Format 栏看到相应参数的变化,在界面下方的输出框中显示该条命令执行的全过程。读写器给 PC 机发送数据“CM-TIF0000”,其中“CM”为运算码,“TIF”为发送码,“0000”为有效载荷位。如果此时有标签在天线范围内, PC 机给读写器模块发送“OK0012 Tag Present”;如果没有标签在天线范围内时,PC 机给读写器模块发送“OK0012 No Tag”。

4)读取动物 ID 信息

Ⅰ. 命令格式

此命令将读取一张符合 ISO 11784/785 标准的电子标签 ID 信息。国际标准 ISO 11784 中规定了动物射频识别应用的代码结构,代码结构为 64 位长度,其中的 27~64 位可由各个国家自行定义,并由各国自行管理,其代码结构见表 8-8。国际标准 ISO 11785 中规定了电子标签的数据传输方法和读写器规范,以便激活电子标签的数据载体。

表 8-8 代码结构

位序号	信 息	说 明
1	动物应用 1,非动物应用 0	应答器是否用于动物识别
2~15	保留	未来应用
16	后面有数据 1,后面无数据 0	识别代码后是否有数据
17~26	国家代码	说明使用国家
27~64	国内代码	唯一的国内专有登记号

若要读取标签 ID,需要使用本指令(Read Complete Animal ID),其指令格式见表 8-9,命令返回格式见表 8-10,返回载荷数据格式见表 8-11。

表 8-9 指令格式

参 数	值	长 度
运算码	AN	2 字符
发送码	RCA	3 字符
有效位载荷	不必关心	4 字符
载荷		

表 8-10 命令返回格式

参 数	值	长 度
返回码	OK	2 字符
有效字节载荷	计算值	4 字符
载荷	见表 8-11	ASCII 格式

表 8-11 返回载荷数据格式

参 数	值	长 度
动物标识	0,1	1 字符,二进制
数据标识	0,1	1 字符,二进制
国家代码	0000~1024	4 字符,十进制
国内代码	0~274877906944	12 字符,十进制
CRC 校验	被传输	4 字符,十六进制
CRC 检测	OK,NK	2 字符,ASCII 码
零售商代码	000000	6 字符,十六进制

Ⅱ. 实验步骤

(1)连接设备。使用串口线连接 PC 机与读写器,连接电源适配器给读写器模块上电。

(2)运行上位机程序。双击打开低频模块对应的程序。

(3)选择连接方式。这里选择直连方式后,点击“Connect”连接。

(4)执行命令。在 Command 栏选择“Read Complete Animal ID”命令,点击“Execute”按钮即可。

(5)结果。执行完命令后,可在 Command Format 栏与 Respond Format 栏看到相应参数的变化,在界面下方的输出框中显示该条命令执行的全过程。

8.2　设计性实验

实验 3　ATA5577 电子标签的读写操作

1. 实验目的

掌握低频 RFID 系统的常用命令,并在实际应用中灵活使用。

2. 实验设备

RFID 综合实验系统(北京奥尔斯公司生产)、PC 机及 ATA5577 电子标签。

3. 实验原理

ATA5577 是 ATMEL 公司生产的一款可读写的 RFID 无源标签集成电路,其工作频率为 125 kHz 或 134 kHz。片上集成了输入调谐电容,外部只需要一个感应线圈就可组成完整的电路。ATA5577 主要技术参数见表 8-12。

表 8-12　ATA5577 主要技术参数

技术参数	单　位	典型值
感应线圈最大输入直流电流	mA	20
感应线圈最大输入交流电流	mA	20
RF 频率	kHz	100~150
读状态工作电流	mA	2
感应线圈电压	V	≥ 3.6
唤醒时间	ms	2.5
读写间隔时间	ms	6
读写寿命	次	100 000
数据保存时间	年	≥ 10
谐振电容	pF	10~330

低频 RFID 系统框图见图 8-10，ATA5577 电子标签充当应答器(Transponder)的角色，电子标签进入磁场后其线圈接口(Coil interface)接收到读写器或基站(Reader or Base Station)发出的射频信号，凭借感应电流为标签供电(Power)，电子标签中的控制器(Controller)根据接收到的指令读写存储器(Memory)，并发送出标签的 ID 或其他数据信息(Data)。

ATA5577 片上集成了 11 个块(Block)，分为两页(Page)，每个块有 33 个比特空间，可以通过读写器对 ATA5577 标签进行数据读和写的操作，其存储空间见图 8-11。一般用户使用 Page0 中的 Block1 至 Block7，在应用于 ISO 11784/785 标准时，动物 ID 信息存储于 Block1 至 Block4 中。

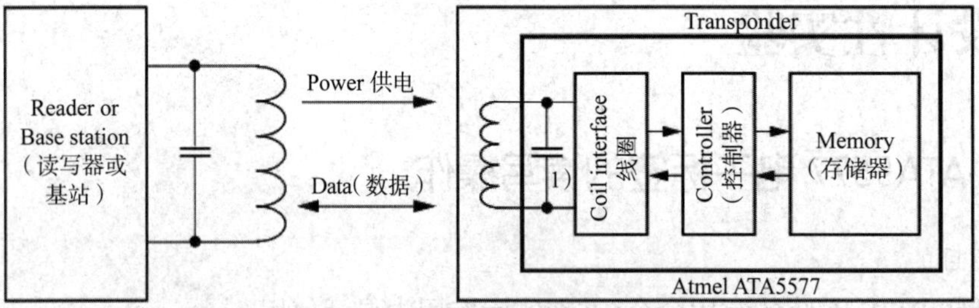

图 8-10 低频 RFID 系统框图

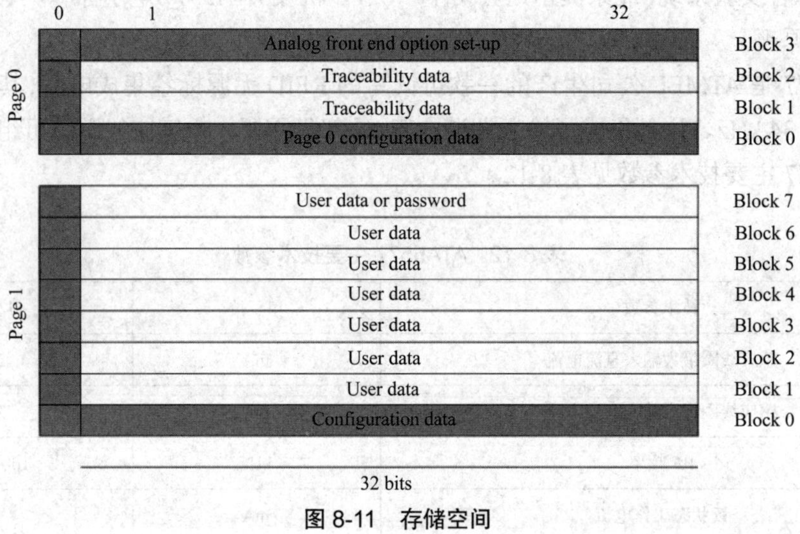

图 8-11 存储空间

4. 实验步骤

(1)连接设备。使用串口线连接 PC 机与读写器，连接电源适配器给读写器模块上电。

(2)运行上位机程序。双击打开低频模块对应的程序，软件界面见图 8-12。

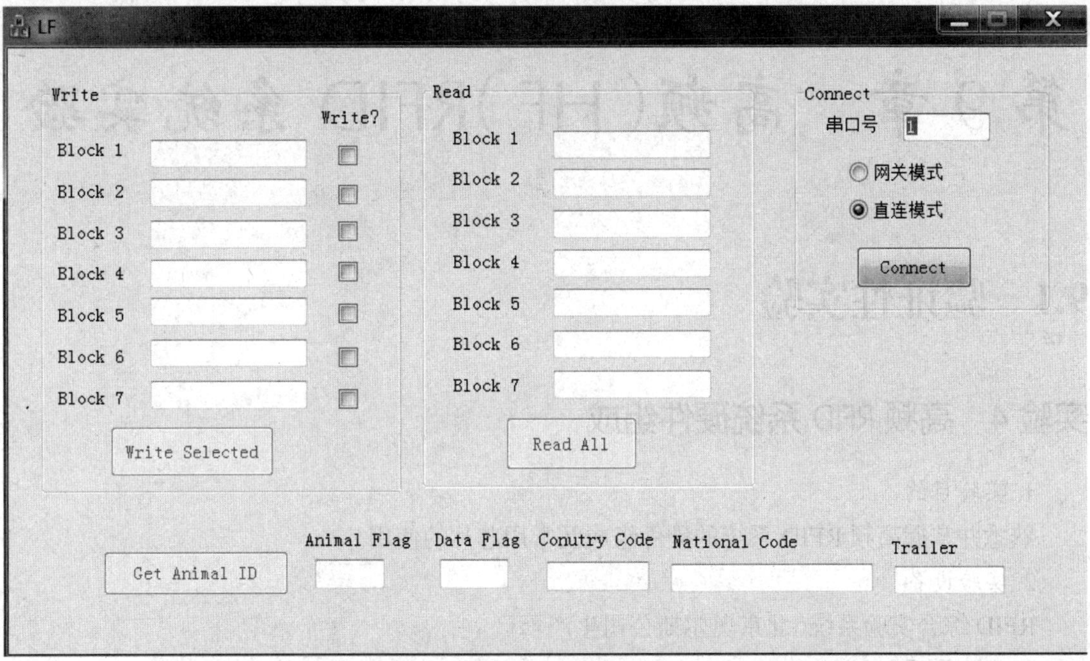

图 8-12　软件界面

(3)选择连接方式。这里选择直连方式后,点击“Connect”连接,即通过串口与主机相连。

(4)执行命令。点击“Read All”按钮后,如果此时有电子标签在读写器范围内,则 Read 栏会显示标签中存储的信息,分别为 Page0 的 Block1 至 Block7 中存储的数据,注意此时 Block 栏中的数据为 32 比特长。在确定有标签可操作后,在左边 Write 栏中可以修改标签中存储的数据。如果点击界面下方的“Get Animal ID”按钮,将会对标签信息进行解析,提取出 ISO 11784/785 协议中的有关动物的信息。

(5)设计。在熟悉 ATA5577 芯片存储结构后,自行修改标签的数据,使其符合 ISO 11784/785 协议中的数据格式。

第 9 章 高频(HF)RFID 系统实验

9.1 验证性实验

实验 4 高频 RFID 系统硬件组成

1. 实验目的

熟悉并掌握高频 RFID 系统的硬件组成及常用芯片的使用。

2. 实验设备

RFID 综合实验系统(北京奥尔斯公司生产)。

3. 实验原理

1)系统框图

本高频 RFID 系统模块由三部分组成,分别为控制电路、串口电路及射频电路。主控单片机选择德州仪器 TI 公司生产的 MSP430F2370,串口传输使用美信公司生产的 MAX3232 芯片,射频芯片使用了 TI 公司生产的 TRF7970 芯片。在系统板上设置了多个指示灯,可以清楚地显示当前所选用的协议标准。其系统框图如图 9-1 所示。

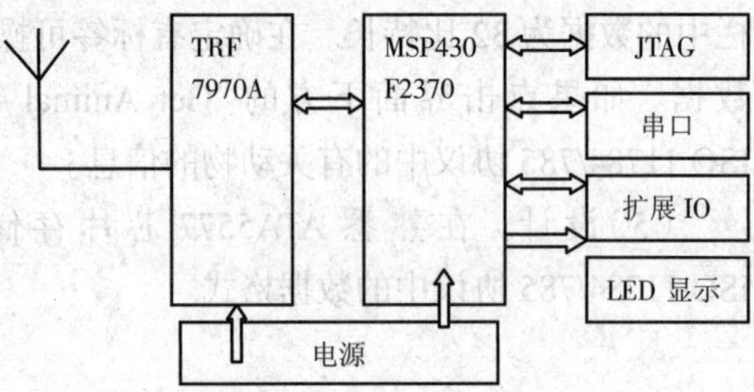

图 9-1 高频 RFID 系统框图

系统运行后,单片机通过并口访问 7970 芯片,在没有读到卡时,程序运行在串口读写模式,每 0.5 s 向串口发送一个字符“D”,直到有写操作为止。当有电子标签读写操作时,针对相应的标签,程序进入不同的协议中运行,并点亮对应协议的 LED 指示灯。

2)主要芯片

Ⅰ.TRF7970A 芯片

TRF7970A 是 TI 推出的一款业界功耗最低的适用于近场通信(NFC)的非接触式短距离通信收发器。此收发器适用于基础设备,其电池寿命是竞争产品的两倍,可提供功率范围为 1 μA~120 mA 的 8 个不同的功率模式。该收发器带有可配置的辅助软件,以帮助开发人员更快入手。TRF7970A 还支持点对点通信,例如用于医疗设备和移动支付等。它还具有读写能力,一个容量为 128 B 的“先进先出(FIFO)”缓冲器,使之能够处理大量数据的传输。

TRF7970A 收发器符合 ISO 18092 和 ISO/IEC 21481 NFC RFID 标准,并支持多个读写协议。它包括符合 ISO 15693、ISO 18000-3、ISO 14443A/B 标准和 FeliCa RFID 规范的专为读写

器模式设计的示范性软件包。

(1)TRF7970A 的主要特点如下。

①输入电压范围:DC 2.7 V 至 DC 5.5 V。

②可编程输出功率:+20 dBm(100 mW),+23 dBm(200 mW)。

③从 DC 1.8 V 至 DC 5.5 V 的可编程 I/O 电压电平。

④来自 13.56 MHz 或者 27.12 MHz 晶振或者振荡器的可编程系统时钟频率输出(RF、RF/2、RF/4)。

⑤针对其他系统组件[微控制器(MCU)、外设、指示器]的集成电压稳压器输出,20 mA(最大值)。

⑥可编程调制深度。

⑦具有针对“读取漏洞”消除和邻近读取器系统或者周围环境频带内噪声检测的接收信号强度指示器(RSSI)的双接收器架构。

⑧针对超低功耗系统设计的可编程功率模式(断电时 < 1 μA)。

⑨并行或者串行外设(SPI)接口(带有 128 字节 FIFO)。

⑩温度范围:-40° C 至 110° C。

(2)TRF7970A 的管脚图见图 9-2,管脚定义见表 9-1。

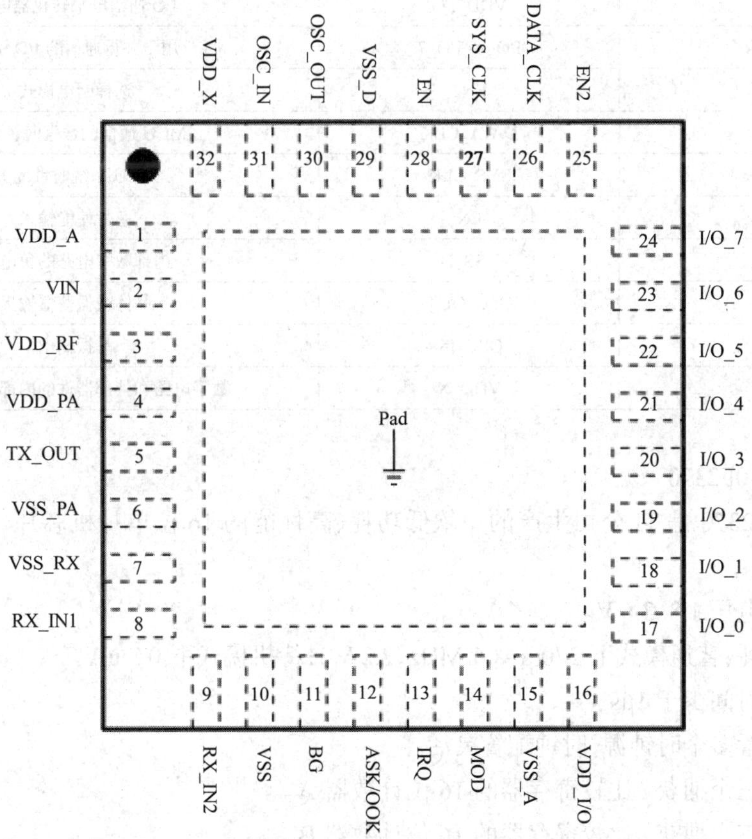

图 9-2　TRF7970A 管脚图

表 9-1 TRF7970A 管脚定义

引脚号	符 号	功能描述
1	VDD_A	内部模拟电路稳压电源
2	VIN	电源输入
3	VDD_RF	内部稳压电源
4	VDD_PA	功放电源
5	TX_OUT	射频输出
6	VSS_PA	功放的负电源
7	VSS_RX	RX 输入负电源
8	RX_IN1	主 RX 输入
9	RX_IN2	辅助 RX 输入
10	VSS	芯片基板接地
11	BG	带隙电压
12	ASK/OOK	在 ASK 与 OOK 间进行选择
13	IRQ	中断请求
14	MOD	副载波数字数据输出
15	VSS_A	内部模拟电路负电源
16	VDD_I/O	I/O 通信电平转化器电源
17~24	I/O_0~ I/O_7	用于并行通信的 I/O 引脚
25	EN2	选择断电模式
26	DATA_CLK	MCU 通信的数据时钟输入
27	SYS_CLK	MCU 系统时钟配置
28	EN	芯片使能输入
29	VSS_D	内部数字电路的负电源
30	OSC_OUT	晶体或振荡器输出
31	OSC_IN	晶振输出
32	VDD_X	数字电路和外部器件的内部稳压电源

Ⅱ.MSP430F2370

MSP430F2370 是 TI 公司生产的一款低功耗、高性能的 16 位单片机芯片,其主要特点有如下几个方面。

(1)供电电压 1.8~3.6 V。

(2)低功耗:普通模式下 270 μA(1 MHz,2.2 V);待机模式下 0.7 μA。

(3)唤醒时间少于 1μs 。

(4)可配置多个时钟源,时钟配置灵活。

(5)带有三个捕获 / 比较寄存器的 16 位计数器 A。

(6)带有三个捕获 / 比较寄存器的 16 位计数器 B。

(7)多个串行通信接口:波特率自适应的 UART;lrDA 编解码器;SPI 接口;I2C 总线接口。

(8)32 kB+256 B Flash Memory。

(9)2 kB RAM。

4. 实验步骤

1)安装 SmartRF Flash Programmer 下载程序

SmartRF Flash Programmer 是 TI 公司开发的一款用于可执行文件烧录的软件,读者可从 TI 公司的官方网站上下载。在安装上,要注意此软件需要操作系统的管理员权限。

2)下载固件

正确安装下载软件后,将下载器与 HF 模块的 ISP 下载口可靠连接,在 Flash 栏选择固件程序,其配置图见图 9-3。

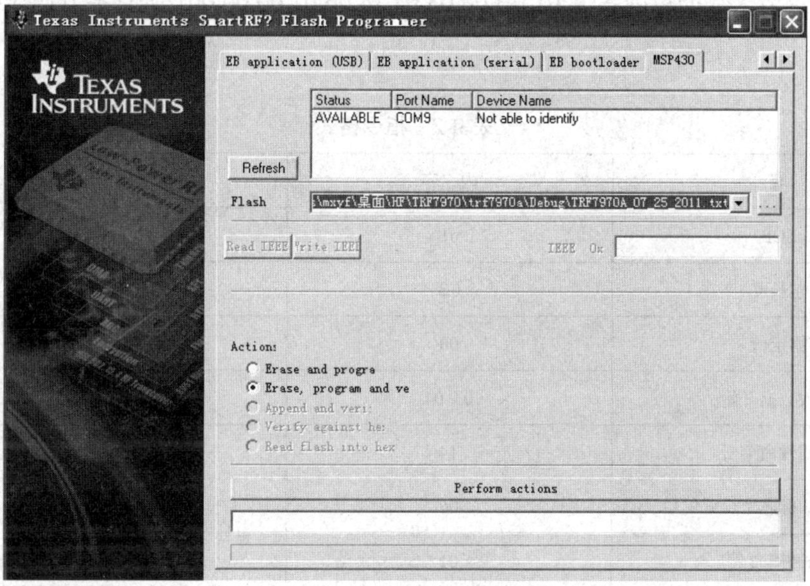

图 9-3　固件下载配置图

3)测试波形

在电路板中找到测试点 T12、T1、T2 与 T3,分别在有电子标签在天线范围内时,使用示波器测量每个点,观察此时波形的幅度。

实验 5　高频 RFID 系统常用命令

1. 实验目的

熟悉并掌握高频 RFID 系统的 ISO 15693 标准规范第三部分协议和指令内容。

2. 实验设备

RFID 综合实验系统(北京奥尔斯公司生产)、PC 机及 ISO 15693 卡片。

3. 实验内容

使用相关实验平台验证并执行 ISO 15693 规范的指令,可以使读者直观地感受指令执行的情况,并掌握这些指令的作用和使用方法。本实验选取了高频 RFID 系统下 ISO 15693 协议中常用的几个指令进行介绍,其他实验可参照实验平台提供的实验指导书。

1)盘点命令(Inventory)

盘点命令被用于在天线感应范围内获得 ISO 15693 协议标签卡片的唯一 ID(UID)号。它支持两种方法:一种是 16 个槽(Slot),另一种是在感应范围内单个槽(Slot)。在感应范围内单个槽模式允许全部的请求命令。如果在该模式下,出现了多张标签, 那么数据冲撞错误请求将被发送到上位机 GUI。在 16 个槽模式下,根据标签卡片的 UID 号,通过寻找总量命令迫使应答器在 16 个插槽中的 1 个做出应答,从而减少数据冲突的可能。在该时间槽顺序下,任何冲撞的发生都能够通过在 ISO 15693 标准协议中定义的冲撞标志得到解决。

Ⅰ.命令格式

盘点指令请求数据包内容为 01 0B 00 03 04 14 06 01 00 00 00(所有字节均连续),其格式见表 9-2。

表 9-2 指令格式

域	内 容	注 释
SOF	01	帧开始
包长度	0B	包长 11 字节
固定值	00	包长度高字节 00
有效数据开始	03 04	有效数据开始
固件命令	14	Inventory 请求
标志	06	高数据率 =1
防冲撞命令	01	
Mask 长度	00	
EOF	00 00	帧结束

Ⅱ.实验步骤

(1)连接设备。使用串口线连接 PC 机与读写器,并通过电源适配器给读写器模块上电。

(2)在设置协议(Set Protocol)窗口点击任意设置标志[仅双副载波(Double Sub-carrier),高比特率(High Data Rate)选项有效]及数据编码模式选择相应模式。

(3)点击设置协议(Set Protocol)。

(4)在命令(Command)窗口点选盘点(Inventory)按钮。

(5)将一张 ISO 15693 协议标签卡,放入 TRF7970 开发板天线接收范围内。

(6)点击执行命令(Execute Command)。

(7)结果。执行盘点(Inventory)命令后,实验结果如图 9-4 所示,图中扫描到一个电子标签,并显示其 UID。

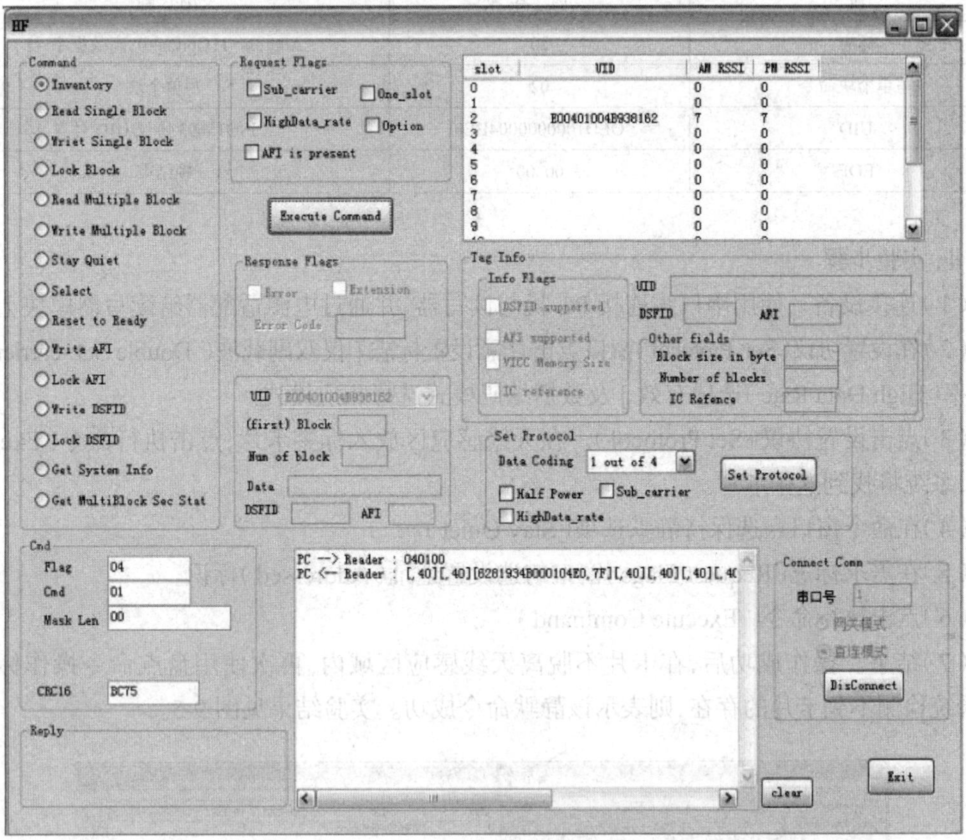

图 9-4　实验结果

2)静默命令(Stay Quiet)

静默命令能使标签卡处于静止态,阻止一切寻卡等命令的响应。响应请求命令需要匹配标签卡片 UID 号。

Ⅰ. 命令格式

静默指令请求数据包内容为 01 12 00 03 04 18 20 02 0ED1000000004BE0 00 00,其格式见表 9-3。

表 9-3　指令格式

域	内　容	注　释
SOF	01	帧开始
包长度	12	包长 18 字节
固定值	00	包长度高字节 00
有效数据开始	03 04	有效数据开始
固件命令	18	静默请求

续表

域	内 容	注 释
标志	20	Address=1;Option=0;高数据率 =1
写单个块命令	02	写单个块
UID	OED1000000004BE0	ISO15693 协议 UID 号
EOF	00 00	帧结束

Ⅱ.实验步骤

(1)连接设备。使用串口线连接 PC 机与读写器,并通过电源适配器给读写器模块上电。

(2)在设置协议(Set Protocol)窗口点击任意设置标志[仅双副载波(Double Sub-carrier),高比特率(High Data Rate)选项有效]及数据编码模式选择相应模式。

(3)点击设置协议(Set Protocol)。在天线感应区放入标签卡片,点击执行命令(Execute)按钮,系统将找到这张卡片。

(4)在命令窗口点选保持静默选项(Stay Quiet)。

(5)在需求标志(Request Flags)窗口勾选设置地址(Addressed)标识。

(6)点击执行命令(Execute Command)。

(7)结果。操作成功后,在卡片不脱离天线感应区域内,再次使用盘点命令操作标签卡片,系统检测不到卡片的存在,则表示该静默命令成功。实验结果见图 9-5。

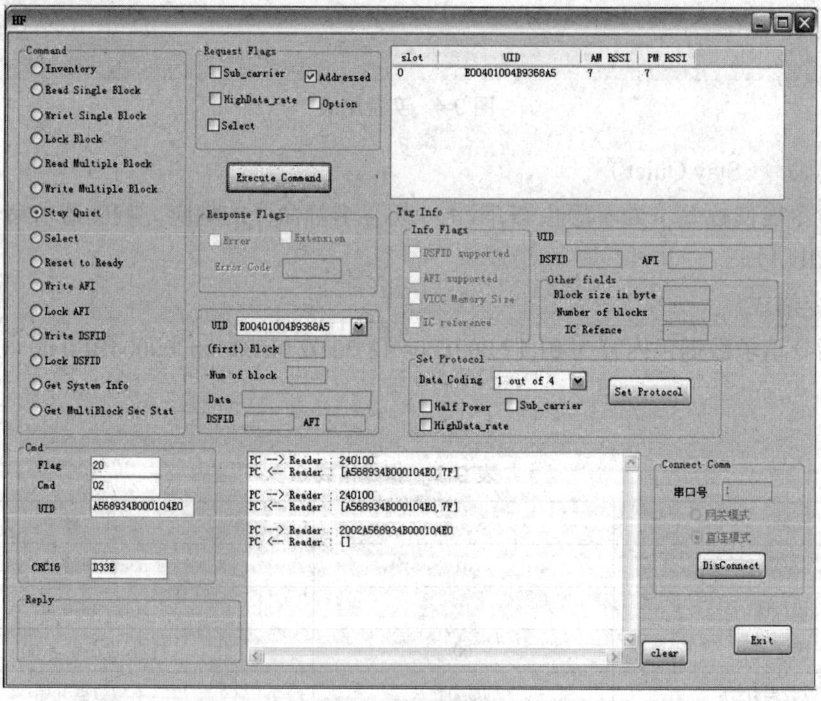

图 9-5 实验结果

3)读单个块命令(Read Single Block)

读单个块命令是从一个响应标签卡片存储块中读取数据。除一般数据外,块安全状态字节也能被读取到。该字节只是表示指定块的写保护状态。

Ⅰ.命令格式

读单个块指令请求数据包内容为 01 0B 00 03 04 18 00 20 01 00 00,其格式见表 9-4。

Ⅱ.实验步骤

(1)连接设备。使用串口线连接 PC 机与读写器,并通过电源适配器给读写器模块上电。

(2)在设置协议(Set Protocol)窗口点击任意设置标志[仅双副载波(Double Sub-carrier),高比特率(High Data Rate)选项有效]及数据编码模式选择相应模式。

(3)点击设置协议(Set Protocol)。在天线感应区放入标签卡片,点击执行命令(Execute Command)按钮,系统将找到这张卡片。

表 9-4　指令格式

域	内　容	注　释
SOF	01	帧开始
包长度	0B	包长 11 字节
固定值	00	包长度高字节 00
有效数据开始	03 04	有效数据开始
固件命令	18	请求模式
标志	00	Option=0;高数据率 =0
读单个块命令	20	读单个块
AFI 值	01	读块 1 的数据
EOF	00 00	帧结束

(4)命令窗口点选读单个块选项(Read Single Block)。

(5)在需求标志(Request Flags)窗口勾选设置地址(Addressed)标识。

(6)在(first)Block 文本框中,输入要读取的地址值(输入字符必须为 0~F 的两位有效值,其他值视为无效字符),点击执行命令(Execute Command)。

(7)结果。执行读单个块命令时,需要在已扫描到标签卡片的基础上进行。实验结果见图 9-6。

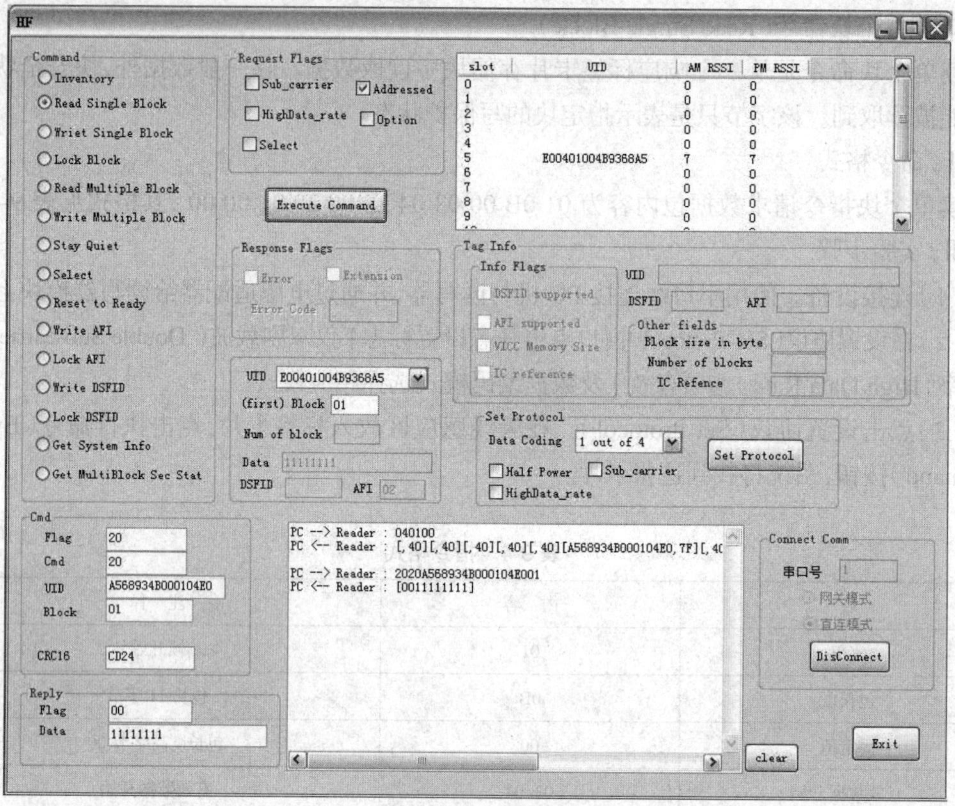

图 9-6　实验结果

9.2　设计性实验

实验 6　ISO 15693 标签的操作

1. 实验目的

掌握高频 RFID 系统的常用命令，并在实际应用中灵活使用。

2. 实验设备

RFID 综合实验系统（北京奥尔斯公司生产）、PC 机及 ISO 15693 电子标签。

3. 实验原理

实验中所使用的电子标签为 TI 公司生产的 Ti2048 非接触式 IC 薄卡。这种卡片由 IC 芯片及感应天线组成，经高温层压工艺压制成国际标准尺寸的卡片。Ti2048 射频薄卡采用德州仪器原装的 Tag-it HF-I 芯片，符合 IEC/ISO 15693 空气接口协议，采用的门式天线读写距离可达 1 m，非常适合在一次需要读取多张卡片（防碰撞）的场合。广泛地应用于企业一卡通、学校管理、公交储值卡、高速公路收费、停车场及小区管理等领域。卡片可以预先在工厂进行高质量胶印、丝印，或者小型打印机进行个性化打印。Ti2048 卡片存储空间定义见表 9-5。

表 9-5　Ti2048 卡片存储空间定义

名　称	锁　定	数　据	页
UID	是	64 位只读	
DSFID	否	低 8 位	
AFI	否	低 8 位	
IC 信息	是	24 位	
用户数据 1	否	32 位可读可写	0
用户数据 2	否	32 位可读可写	1
用户数据 3	否	32 位可读可写	2
90°			
用户数据 63	否	32 位可读可写	62
用户数据 64	否	32 位可读可写	63

以上锁定标志位为“是”的存储空间,在标签卡出厂时已经被锁定,用户不能对其进行更改操作。而标记为“否”的存储空间,用户可以对其进行锁定,但是一旦锁定该存储空间将无法再次对其修改。其操作范围为 32×64=2 048(字节)。

标签的 UID 是一个 64 位长的标识符,被用于在防碰撞循环中寻址每一个唯一、单个的标签,而且在读写器和标签之间实现一对一通信,其格式见表 9-6。

表 9-6　UID 格式

位 64 到 57	位 56 到 49	位 48 到 1
EO	制造商代码	IC 序列号

4. 实验步骤

(1)连接设备。使用串口线连接 PC 机与读写器,连接电源适配器给读写器模块上电。

(2)设计上位机界面。根据参考软件界面编写上位机程序,参考界面见图 9-7。

(3)测试读写器上位机程序。使用不同的命令测试,观察结果。

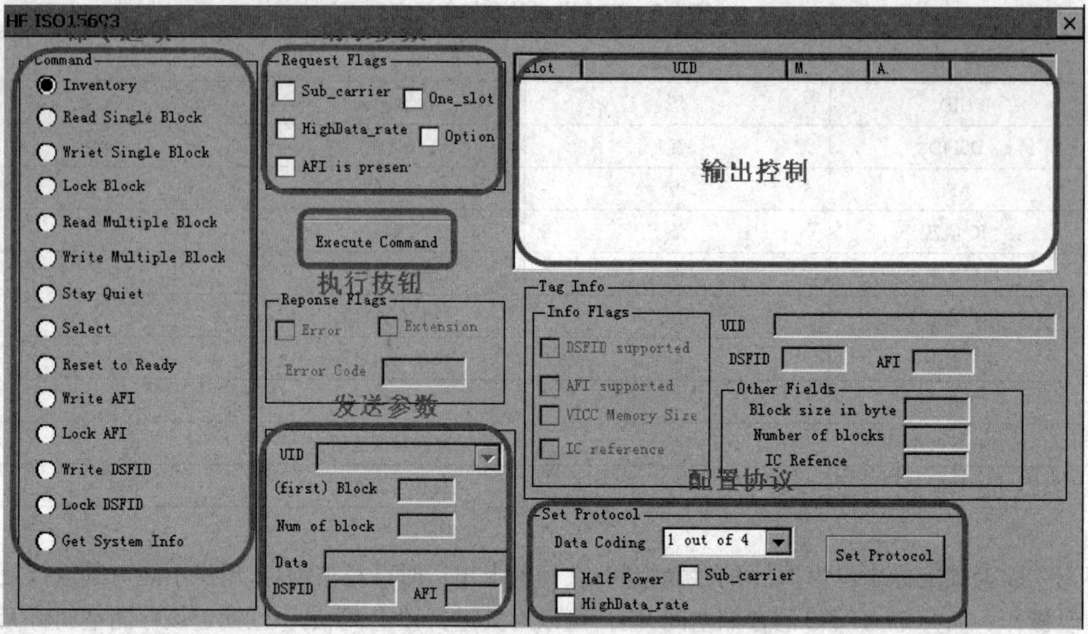
HF ISO15693
Command
Inventory
Read Single Block
Wriet Single Block
Lock Block
Read Multiple Block
Write Multiple Block
Stay Quiet
Select
Reset to Ready
Write AFI
Lock AFI
Write DSFID
Lock DSFID
Get System Info
Request Flags
Sub_carrier
One_slot
HighData_rate
Option
AFI is presen
Execute Command
执行按钮
Reponse Flags
Error
Extension
Error Code
发送参数
UID
(first) Block
Num of block
Data
DSFID
AFI
Slot
UID
M.
A.
输出控制
Tag Info
Info Flags
DSFID supported
AFI supported
VICC Memory Size
IC reference
UID
DSFID
AFI
Other Fields
Block size in byte
Number of blocks
IC Refence
配置协议
Set Protocol
Data Coding
1 out of 4
Set Protocol
Half Power
Sub_carrier
HighData_rate

图 9-7 软件界面

第 10 章　超高频(UHF)RFID 系统实验

10.1　验证性实验

实验 7　超高频 RFID 系统硬件组成

1. 实验目的

熟悉并掌握超高频 RFID 系统的硬件组成及常用芯片的使用。

2. 实验设备

RFID 综合实验系统(北京奥尔斯公司生产)。

3. 实验原理

1)系统框图

本超高频 RFID 系统模块由三部分组成,分别为控制电路、接口电路及射频电路。主控单片机选择 Atmel 公司生产的 AT91SAM7S256,射频芯片使用了 ImpinJ 公司生产的 Indy R2000 芯片。在系统板上设置了多个指示灯,可以清楚地显示当前的操作状态。其系统框图如图 10-1 所示。

读卡器向一个或一个以上的标签发送信息,发送方式为脉冲间隔编码(PIE)格式的双边带振幅移位键控(DSB-ASK)、单边带振幅移位键控(SSB-ASK)或反向振幅移位键控(PR-ASK)调制射频载波信号。标签通过相同的调制射频载波接收功率。

读卡器通过发送未调制射频载波和倾听反向散射回答接收从标签发来的信息。标签通过反向散射调制射频载波的振幅或相位,传达信息。询问和标签之间的通信线路为半双工,也就是不应要求标签在反向散射的同时解调读卡器。标签不应利用全双工通信对强制命令或任选命令做出响应。

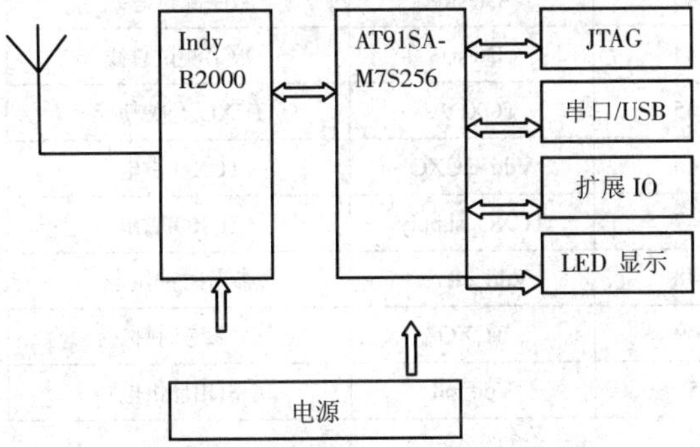

图 10-1　超高频 RFID 系统框图

2)主要芯片

Ⅰ.Indy R2000 芯片

高度集成的 Indy RFID 读写器芯片与其支持软件是整个第二代超高频 RFID 读写器

系列的核心，支持从近距离的嵌入式模块到远距离门式读写器的广泛应用。Indy R2000 RFID 读写器芯片采用载波消除技术，读取准确性更好、范围更广，而且增加了协议的可配置性和高级无线电接入功能，相位噪声更低，更符合全球监管标准。它还提供了一种可靠的结构以实现各种应用的优化相干的 IQ 解调，提供较低 RSSI 变化、载波相位以及最佳接收灵敏度。

（1）Indy R2000 的主要特点如下。

①空中接口协议：EPC Global UHF Class 1 Gen 2 / ISO 18000-6C，ISO 18000-6B。

②发射的调制模式：DSB，SSB，PR-ASK。

③内部集成功率放大器。

④运行频率：840~960 MHz。

⑤功耗低，待机功耗 200 mW，运行功耗 880~100 mW（与发射功率有关）。

⑥灵敏度：-110 dBm；支持密集读写器模式（DRM），灵敏度可达 -95 dBm。

⑦发射功率：最高可配置为 17 dBm，支持外部功率放大器，以满足高性能应用。

（2）Indy R2000 芯片采用 QFN64 封装，共 64 个管脚，内部框图见图 10-2，其管脚定义见表 10-1。

表 10-1 Indy R2000 管脚定义

引脚号	符 号	功能描述	引脚号	符 号	功能描述
1	DRM_p	外部 DRM 负载	33	Vdd_io	双向数据接口
2	DRM_n		34	DA0	
3	Vdd_rx_rf	接收 RF 供电	35	DA1	
4	RX_p	接收 RF 输入	36	DA2	
5	RX_n		37	DA3	
6	Atest0	模拟测试总线	38	ALE	地址使能
7	Atest1		39	CSn	片选端
8	LO_p	传输路径中的高阻抗分接器输入	40	RDn	读选通
9	LO_n		41	WRn	写选通
10	Atest2	模拟测试总线	42	IRQn	中断
11	Atest3		43	Dtest0	数字测试总线
12	ExtVCO_p	外部 VCO 输入	44	Dtest1	数字测试总线
13	ExtVCO_n		45	TCXO_e	TCXO 开关使能
14	ADC0	ADC 输入	46	Vdd_TCXO	TCXO 供电
15	Vdd_tx_RF	发射 RF 供电	47	TCXO_supply	TCXO 输出
16	Vdd_tx_pre	功放前驱供电	48	Vdd_clkref	参考时钟供电
17	Vdd_tx_pa	功放供电	49	TCXO	参考时钟
18	ADC1	ADC 输入	50	Vdd_pll	锁相环供电

续表

引脚号	符　号	功能描述	引脚号	符　号	功能描述
19	PA_p	发射输出	51	Amp_Qp	*Q* 值后级混频放大输入
20	PA_n		52	Amp_Qn	
21	Vdd_tx_ana	发射模拟电路供电	53	Mix_Qn	*Q* 值混频器输出
22	PA_modp	PA 输出	54	Mix_Qp	
23	PA_modn		55	PLL_fil0	外部锁相环滤波器节点
24	ADC2	ADC 输入	56	PLL_fil1	
25	Detector_p	峰值检测输入	57	Vdd_vco	
26	Detector_n		58	Amp_Ip	*I* 值后级混频器放大器输入
27	DAC0	DAC 输出	59	Amp_In	
28	DAC1	DAC 输出	60	Mix_In	*I* 值混频器输出
29	TEST PIN	测试点	61	Mix_Ip	
30	Chip_resetn	复位	62	Vdd_rx_ana	接收模拟电路供电
31	CLK_out	时钟输出	63	DRM_Qp	混频器外部 DRM 负载
32	Vdd_dig		64	DRM_Qn	

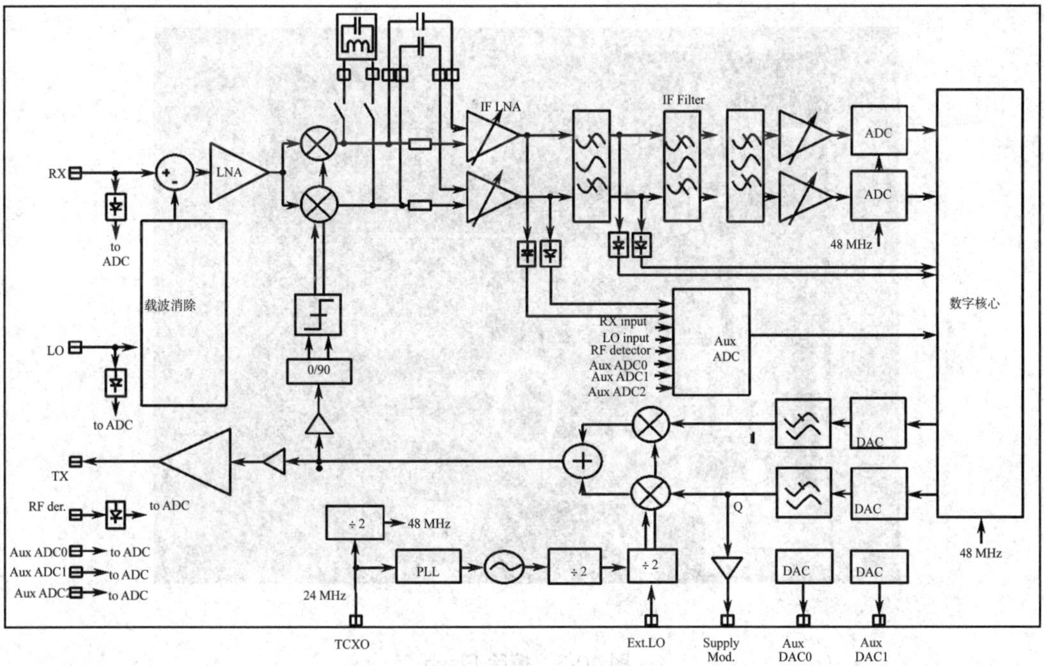

图 10-2　芯片内部框图

Ⅱ.AT91SAM7S256

ATMEL 公司生产的 AT91SAM7S256 芯片是 32 位的高性能 ARM 芯片，具有较高的指令处理能力与实时中断响应能力,其片内资源丰富,包括 256 kB 的高速 Flash、64 kB 的 SRAM 以及 1 个 USB2.0 端口、2 个 UART 端口与 JTAG 接口,大大地方便了用户的开发。

AT91SAM7S256 主要特点如下。

(1)内部集成 ARM7TDMI ARM Thumb 处理器。

(2)片内集成高速 Flash，256 kB,共 1 024 页,每页 256 B。每页编程时间为 6 ms,包括页自动擦除,全片擦除时间为 15 ms。

(3)片内集成高速 SRAM,64 kB。

(4)电源电压:1.65 ~1.95 V。

(5)时钟发生器:低功耗 RC 振荡器,3 到 20 MHz 片上振荡器和一个 PLL。

(6)带有 13 个外围数据 DMA 控制器通道。

(7)带有一个 10/100 base-T 的以太网口。

(8)带有一个兼容 CAN 2.0A 和 CAN 2.0B 的 CAN 控制器。

(9)具有一个 3 通道 16 位定时器 / 计时器和一个 4 通道的 16 位 PWM 控制器。

4. 实验步骤

1)下载固件

首先擦除 Flash,将跳线帽连接 J204 的 1、2 管脚,连接上 USB 供电上电 10 s 左右即可,见图 10-3 所示。

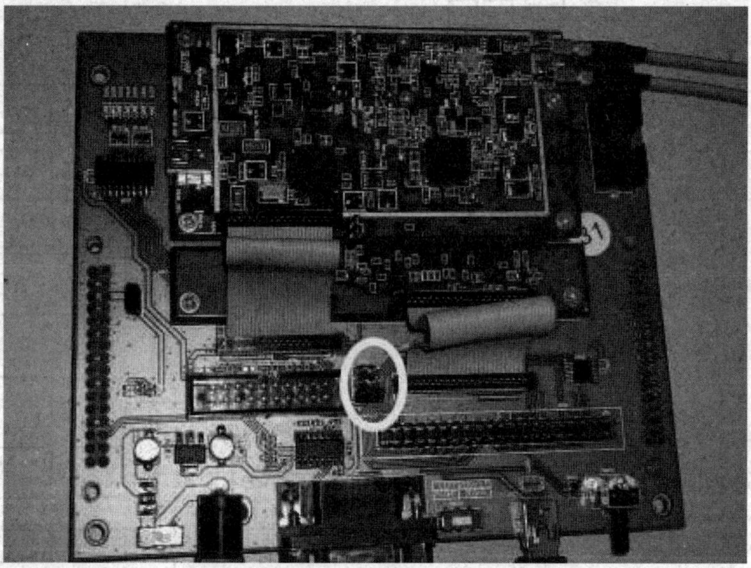

图 10-3 擦除 Flash

接着烧写 Flash,将跳线帽连接 J204 的 3、4 管脚,上电 10 s 以上,然后断电再将跳线帽接到 J204 的 5、6 管脚。

再次上电后,出现 USB 设备,安装 USB 驱动程序,运行 sam-ba.exe 程序,选择“at91sam7s256-

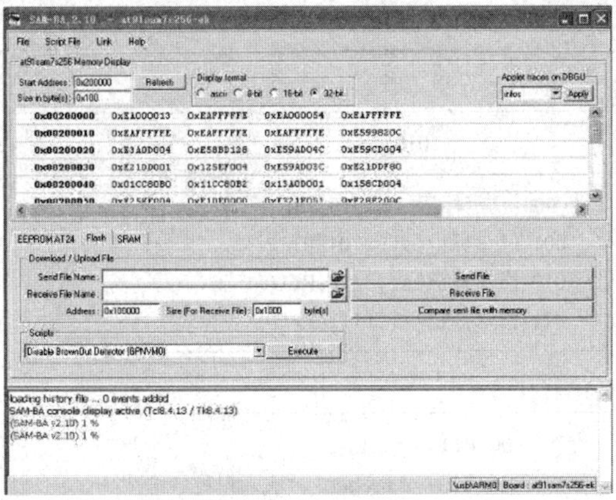

图 10-4　下载界面

ek"选项,单击"Connect"按钮,进入下载界面,见图 10-4,选择 Flash 项。在 send file name 栏选择"indy_v2_3_0_R2000.a79"文件, Address 输入 0x10000,然后单击"Send File"按钮,发送文件,至此固件程序下载成功。

2)下载配置文件

配置文件下载界面见图 10-5,在 send file name 栏选择 oem_auto_init_fcc_uart_hiddenglen.bin, Address 输入 0x13FFF8,点击"Send File"按钮。如果弹出"Do you want to unlock involved lock region(s)"则选择 yes;如果弹出"Do you want to lock involved lock region(s)"则选择 no。最后选择"Compare sent file with memory",退出 SAM-BA。断电,拔掉 J204 上的跳线帽。

实验 8　超高频 RFID 系统常用命令

1. 实验目的

熟悉并掌握超高频 RFID 系统的 ISO 18000-6C 标准规范协议和指令内容。

2. 实验设备

RFID 综合实验系统(北京奥尔斯公司生产)、PC 机及 ISO 18000 卡片。

3. 实验内容

使用相关实验平台验证并执行 ISO 18000-6C 规范的指令,可以使读者直观地感受指令执行的情况,并掌握这些指令的作用和使用方法。本实验选取了超高频 RFID 系统下 ISO 18000-6C 协议中常用的几个指令进行介绍,其他实验可参照实验平台提供的实验指导书。

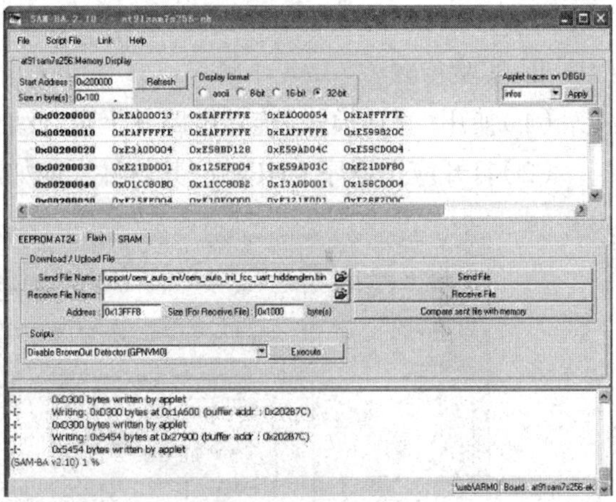

图 10-5　下载配置文件界面

1)Select 命令及应答

Select 命令的主要作用是选择出与存储体、指针、长度和掩模等字段中规定相匹配的标签。读写器可以连续使用 Select 命令选择基于用户定义标准的标签群、启动单元、相交和基于标签分块的否定。读写器发送连续 Select 命令执行启动单元和相交操作。Select 命令可以确认或取消确认标签的 SL 标记,或者在四个通话的其中一个通话中将标签的已盘标记设置为 A 或 B。Select 命令含有参数目标、动作、存储体、指针、长度、掩模和截断。

Ⅰ. 命令格式

Select 命令格式见表 10-2。

表 10-2 Select 指令格式

	位 号	描 述
命令	4	1010
目标	3	000:已盘标记(s0) 100:SL 001:已盘标记(s1) 101:RFU 010:已盘标记(s2) 110:RFU 011:已盘标记(s3) 111:RFU
动作	3	
存储体	2	00:RFU 01:EPC 10:TID 11:User
指针	EBV	启动掩模地址
长度	8	掩模长度
掩模	变量	掩模值
截断	1	0:禁止截断 1:启动截断
CRC-16	16	

Ⅱ.实验步骤

（1）使用"直连模式"连接电路并上电，此时标签处于就绪状态。

（2）打开应用程序 UHF.exe，其软件界面如图 10-6 所示。

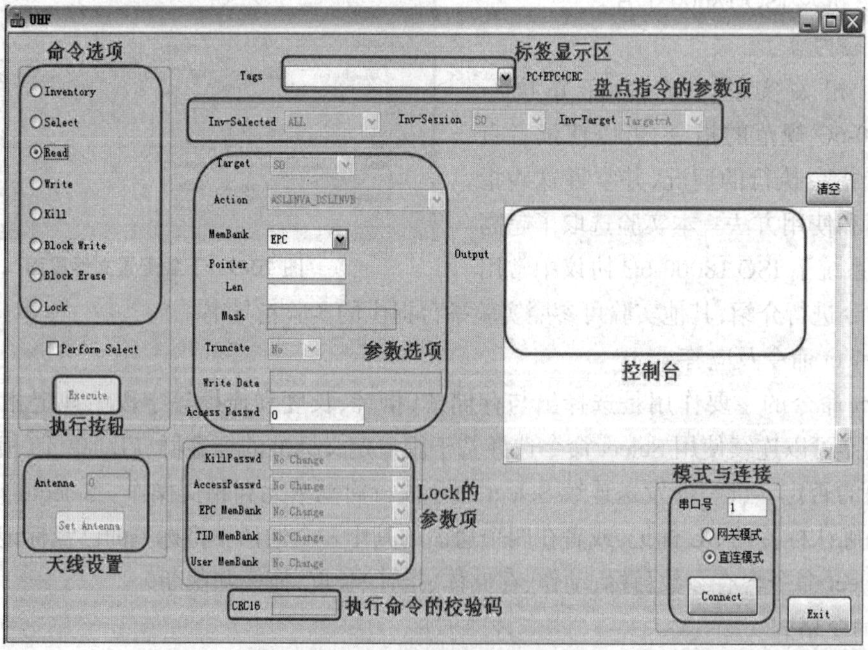

图 10-6 UHF 软件界面

(3)在右下部“模式与连接”区域选择相应的连接模式和端口号码,点击“Connect ”按钮。

(4)在左下部“天线设置”区域的“Antenna”输入框中输入所使用的天线号(0/1),点击“Set Antenna”按钮。

(5)在左边“命令选项”区域选择“Select”项,此时中间“参数选项”区域将有一些文本框变为可用状态,如图 10-7 所示。

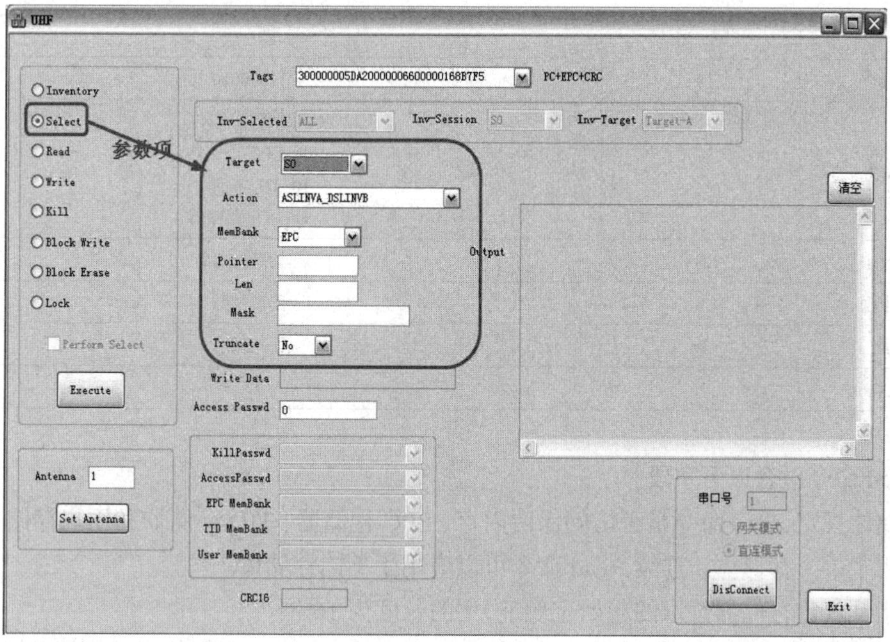

图 10-7　Select 界面

(6)在中部“参数选项”区域,填入相应的参数。

标签存储从逻辑上分为四个部分:保留区、EPC 区、TID 区和用户区。

保留区保存标签的密码,包含从零地址开始的两字节的灭活密码和接下来的两字节的文房密码。

EPC 区包括两字节的 CRC,两字节的 PC,接下来是标签的 EPC。两字节的 CRC 是位于其后的 PC 和 EPC 的校验。PC 的前 5 位表示 EPC 的长度,以两字节为单位。如一般的 PC 存储的是“3000”,其二进制的前 5 位“00110”值为 6,表示其后的 EPC 长度为 6×2=12(字节)。

Pointer 和 Len 的输入是十进制的数,且是表示以位为单位的偏移和长度。Mask 框输入十六进制字符,以字节为单位。如指定满足下列条件的标签:EPC 区域从第 16 位偏移开始的 12 位的值为 1000 1100 1101,则 MemBank 选“EPC”,“Pointer”处填 16,“Len”处填 12,“Mask”处填 8CDX,X 为随意的一个十六进制字符。

(7)将标签放在天线有效区域内,点击左部“Execute”按钮。

(8)若命令正确执行,会弹出“Success”的小框,此时标签处于应答状态,之后转为确认状态。

2）Read 命令及应答

Ⅰ. 命令格式

读写器和标签执行如表 10-3 所示的 Read 命令。Read 命令中读写器读取标签的整个或部分保留内存、EPC 存储器、TID 存储器或用户存储器。

表 10-3 Read 指令格式

	位 号	描 述
命令	8	11000010
存储体	2	00：保留内存 01：EPC 存储器 10：TID 存储器 11：用户存储器
字指针	EBV	起始地址指针
字计数	8	读取字数
RN	16	句柄
CRC-16	16	

Read 命令包含以下字段。

存储体规定 Read 命令是否访问保留内存、EPC 存储器、TID 存储器和用户存储器。Read 命令应用于单个存储体。连续 Read 命令可以应用于不同存储体。

字指针规定存储器读取的起始字地址，字的长度为 16 位。

字计数规定读取的 16 位字数。若字计数 $=00_h$，则标签反向散射所选存储体的内容，从字指针始，以该存储体结束。

Read 命令还包括标签句柄和一个 CRC-16。CRC-16 从第一个操作码位计算到最后的句柄位。若标签收到 CRC-16 有效但句柄无效的 Read 命令，则忽略该命令，并保持其当前状态不变。

若 Read 命令规定的所有存储字均存在，且没有一个存储字读锁定，标签对该命令的应答如表 10-4 所示。

表 10-4 标签应答成功 Read 命令

	位 号	描 述
标题	1	0
存储字	变量	数据
RN	16	句柄
CRC-16	16	

Ⅱ. 实验步骤

（1）使用“直连模式”连接电路并上电，此时标签处于就绪状态。

(2)打开应用程序 UHF.exe,其软件界面如图 10-8 所示。

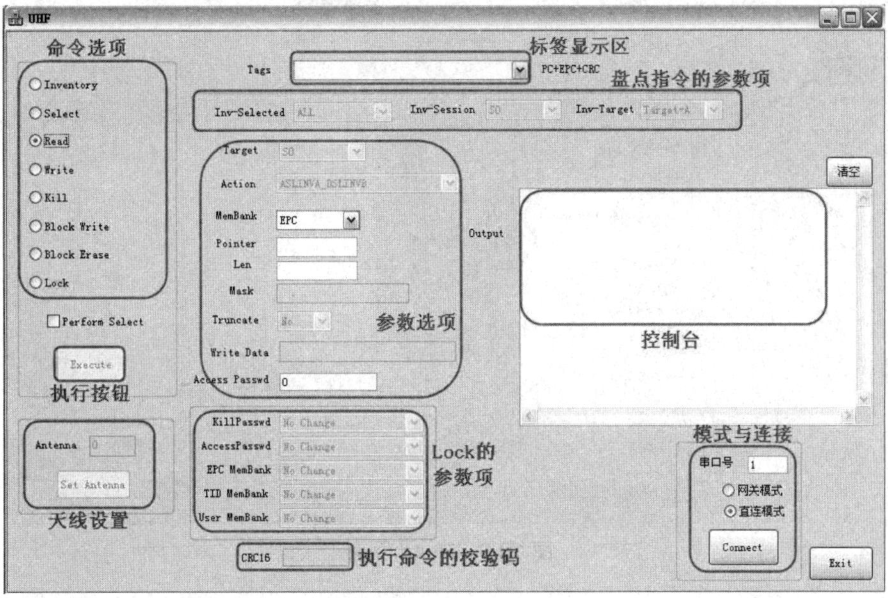

图 10-8　UHF 软件界面

(3)在右下部“模式与连接”区域选择相应的连接模式和端口号码,点击“Connect ”按钮。

(4)在左下部“天线设置”区域的“Antenna”输入框中输入所使用的天线号(0/1),点击“Set Antenna”按钮。

(5)在左边“命令选项”区域选择“Read”项,此时中间“参数选项”区域将有一些文本框变为可用状态,如图 10-9 所示。

(6)在中部“参数选项”区域,填入相应的参数。

MemBank:选择写入的存储器。

读操作时的 Pointer 和 Len 都是以十进制表示的数,且都是以两字节为单位。在“Output”显示区域会显示操作的结果,显示格式为:一行表示对一个标签的结果,一行由冒号隔开,冒号前表示读取到数据,冒号后为对应操作的标签 PC+EPC+CRC。

(7)将标签放在天线有效区域内,点击左部“Execute”按钮。

(8)若命令正确执行,会弹出“Success”的小框,此时标签处于应答状态,之后转为确认状态。

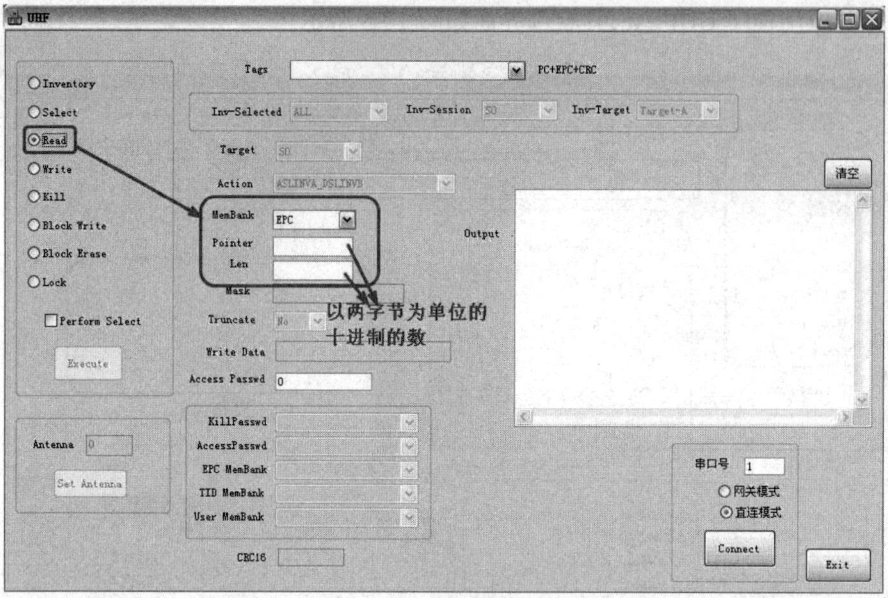

图 10-9 Read 界面

10.2 设计性实验

实验 9 ISO 18000 标签的操作

1. 实验目的

掌握超高频 RFID 系统的常用命令，并灵活运用到实际应用中。

2. 实验设备

RFID 综合实验系统（北京奥尔斯公司生产）、PC 机及 ISO 18000 电子标签。

3. 实验内容

在实验 2 的基础上，熟练使用 UHF 读写器的相关操作，包括读写器的配置、标签的盘点与读写。

4. 实验步骤

（1）连接设备。使用串口线连接 PC 机与读写器，连接电源适配器给读写器模块上电。

（2）使用上位机软件。打开上位机程序 UHF.exe，并设置串口号与连接模式，点击“Enumber”按钮。如果此时扫描到读写器，则在按钮右侧的下拉框中会显示出找到的读写器。在下拉框中选择待连接的读写器，点击其右侧的连接按钮，连接成功后即可进行其他操作。

（3）配置标签。标签配置见图 10-10，点击上部的“Configure”按钮，在弹出框中即可对标签进行各种参数的配置。

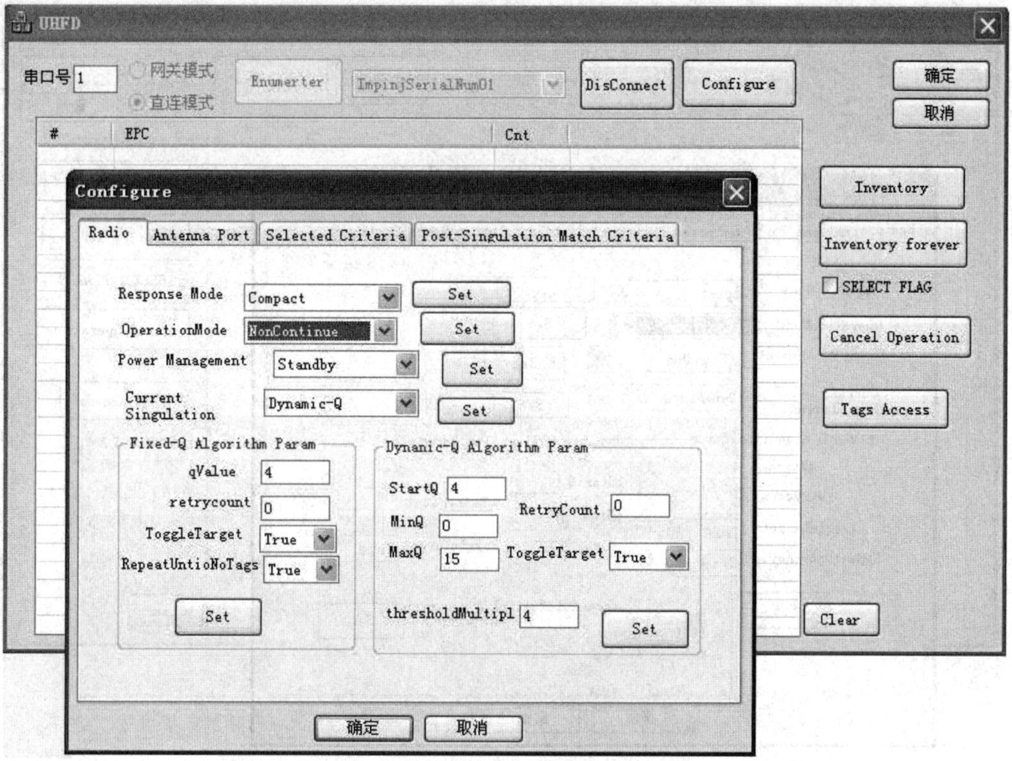

图 10-10　标签配置

(4)标签盘点。在右侧有“Inventory”和“Inventory Forever”两个按钮,前者盘点一次,后者会一直进行盘点操作,若要取消盘点操作,可点击其下方的“Cancel Operation”按钮。盘点到的标签会在按钮左侧的列表中显示。盘点结束时,会弹出“Inventory Over”的对话框。

(5)标签的读写。标签的读写见图 10-11 所示,点击右侧“Tag Access”按钮,弹出读写框,选定一个要操作的栏,输入读写参数后,点击“确定”按钮即可。

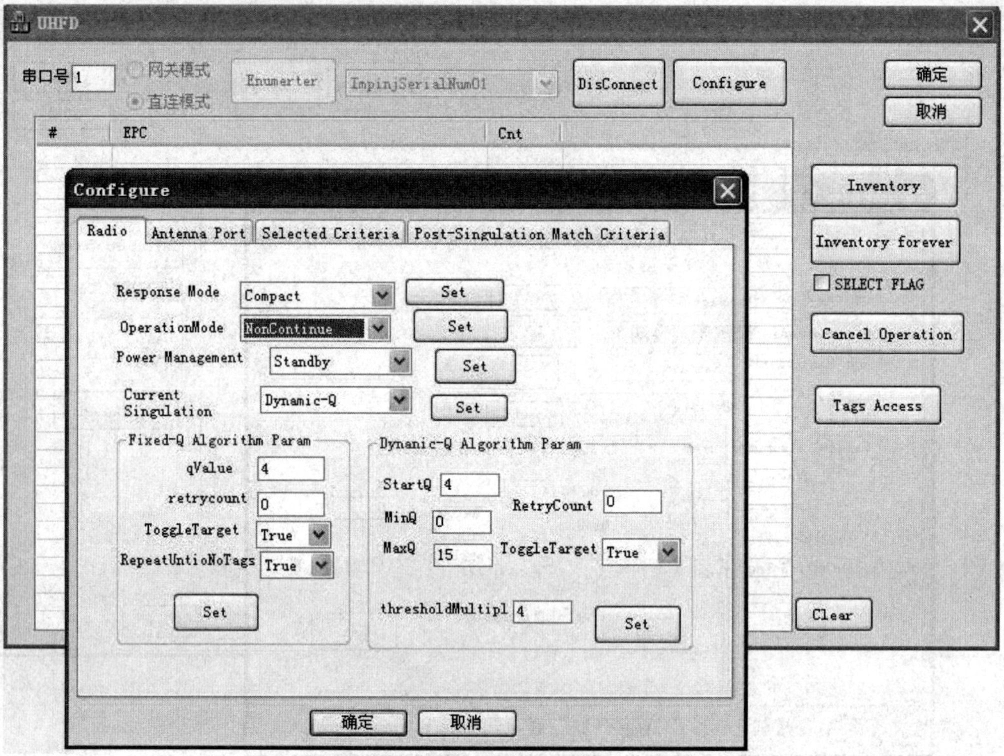

图 10-11 标签读写配置

第 11 章 主动式(Active)RFID 系统实验

11.1 验证性实验

实验 10 主动式 RFID 系统无线收发实验

1. 实验目的

熟悉并掌握主动式 RFID 系统的原理,学习无线收发数据方法。

2. 实验设备

RFID 综合实验系统(北京奥尔斯公司生产)和 PC 机。

3. 实验原理

1)系统组成基本描述

同一网络使用同一频段及同一个设备 ID(2530 最多支持 16 个频段)。通信遵循应答式方式,任意时刻由主机发起询问,设备(从机)应答。网络分数据交互、群组呼叫、ID 轮询三种工作模式。

主机发送数据定义如下。

字节 1	字节 2	字节 3	字节 4	字节 5	……	字节 *n*
ID 1	ID 2	CODE	LEN	DATA	……	CRC

字节 1 和字节 2 为设备 ID,分为三层(见下表)。DID 为固定的数值, GFLG 为群呼标识,高有效,GFLG=1 时表示按 BA[1: 0]+MA[3: 0] 群呼某一群内的 16 个设备; GFLG=0 时表示按 BA[1:0]+MA[3:0]+SA[3:0] 方式寻址某一个特定设备。

ID1			ID2	
BIT[7:3]	BIT[2]	BIT[1:0]	BIT[7:4]	BIT[3:0]
DID[4:0]	GFLG	BA[1:0]	MA[3:0]	SA[3:0]

字节 3 "CODE" 功能待定(见下表)。HFLG 为主机下传及从机上传标识, HFLG=0 表示

主机下传。RSV 为保留位,CODE[5:0] 表示特定的命令。

Bit.7	Bit.6	Bit[5:0]
HFLG	RSV	CODE[5:0]

字节 4“LEN”表示从字节 5 开始的数据的个数,可以为 0。当 LEN=0 时, DATA 以及 CRC 不存在。当 LEN>0 时,表示后跟 LEN 个数据及一个 CRC 字节。

2)系统工作流程

系统工作流程如图 11-1 所示,操作基于如下假设。

(1)主机下传及从机上传数据最大不超过 20 个字节(加上 ID 等不超过 25 个字节),传输时间不超过 T_0(单位为 ms)。

(2)在 16 个从机进行竞争时,超时时间设定为 $T_1 = 30$ ms。

系统启动后(主机未与任意一个设备通信),主机将按如下进程操作。

(1)按群呼方式(16 个设备 1 组,共 32 组)呼叫从机,每次群呼时间控制在 30 ms,共需要 $30 \times 32 = 960$(ms)。

(2)群呼过程中,可能登录了若干个从机(记录在内存中,记为“M[N]”,最多记录 100 个),对记录的从机进行单独的 1 对 1 操作,每个操作的时间大约为 10 ms,最大时间为 1 000 ms。并将其 ID 号从“M[N]”中转移到二级记录“K[N]”中。

(3)重复步骤(1)~(2)的过程。需要注意的是, 1 对 1 的从机操作数量最大为 100,可采用循环队列的方式进行操作。进行操作时将约定下一次操作的时间。操作时间可通过目前记录中从机的数量进行动态调整。

从机上电启动后,将进行如下操作。

待机模式 1:休眠 900 ms,工作(接收)100 ms。

待机模式 2:休眠 9.9 s,工作(接收)100 ms。

待机模式 3:休眠 29.9 s,工作(接收)100 ms。

激活模式:持续处于接收状态。

工作模式:休眠主机指定时间,活动主机指定时间(单位为 ms)。

4. 实验步骤

(1)打开应用程序。

(2)使用透传串口线连接 PC 的串口和网关的串口。

(3)选择连接模式“网关模式”,点击连接。

(4)在左侧列表中单击选中一个标签,点击右侧的“LED 闪烁”按钮。

(5)若执行成功,则相应标签的 LED 灯会以红色闪一下,程序会弹出一个小框提示控制成功。

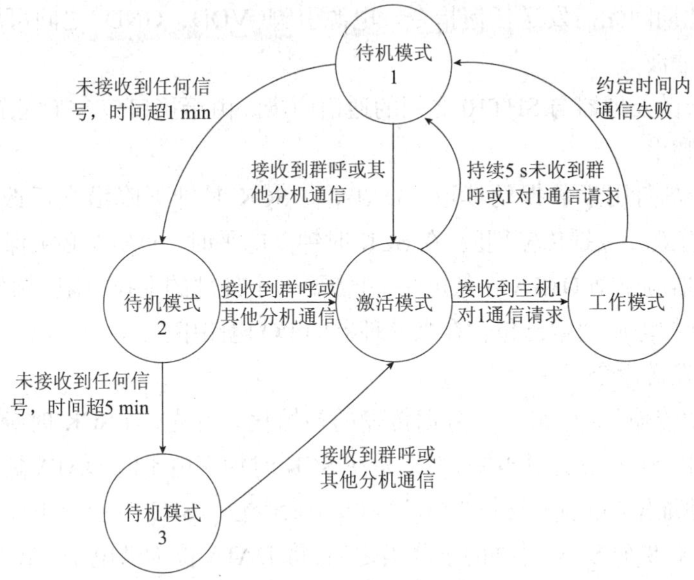

图 11-1　系统工作流程

11.2　设计性实验

实验 11　主动式 RFID 系统传感数据采集实验

1. 实验目的

学习 RFID 的数据采集。

2. 实验设备

RFID 综合实验系统(北京奥尔斯公司生产)。

3. 实验原理

本实验首先使用 CC2530 读取温湿度传感器 SHT10 的温度和湿度数据,并通过 CC2530 内部的 ADC 得到光照传感器的数据,然后将采样到的数据转换后在 LCD 上显示。其中对温湿度的读取是利用 CC2530 的 I/O(P1.0 和 P1.1)模拟一个类 IIC 的过程。对光照的采集使用内部的 AIN0 通道。

1)光照和温湿度传感器

SHT10 是一款高度集成的温湿度传感器芯片，提供全标定的数字输出。它采用 CMOSens 专利技术,确保产品具有极高的可靠性与长期的稳定性。传感器包括一个电容性聚合体测湿敏感元件、一个用能隙材料制成的测温元件,并在同一芯片上与 14 位的 A/D 转换器以及串行接口电路实现无缝连接。

2)SHT10 引脚特性

(1)VDD、GND、SHT10 的供电电压为 2.4~5.5 V。传感器上电后,要等待 11 ms 以越过

“休眠”状态,在此期间无需发送任何指令。电源引脚(VDD，GND)之间可增加一个 100 nF 的电容,用以去耦滤波。

(2)SCK 用于微处理器与 SHT10 之间的通信同步。由于接口包含了完全静态逻辑,因而不存在最小 SCK 频率。

(3)DATA 三态门用于数据的读取。DATA 在 SCK 时钟下降沿之后改变状态,并仅在 SCK 时钟上升沿有效。数据传输期间,在 SCK 时钟高电平时，DATA 必须保持稳定。为避免信号冲突,微处理器应驱动 DATA 在低电平,并需要一个外部的上拉电阻(例如 10 kΩ)将信号提拉至高电平。上拉电阻通常已包含在微处理器的 I/O 电路中。

3)向 SHT10 发送命令

用一组“启动传输”时序来表示数据传输的初始化。首先,当 SCK 时钟高电平时 DATA 翻转为低电平;其次 SCK 变为低电平;最后是在 SCK 时钟高电平时 DATA 翻转为高电平。后续命令包含三个地址位(目前只支持“000”)和五个命令位。SHT10 会以下述方式表示已正确地接收到指令:在第 8 个 SCK 时钟的下降沿之后,将 DATA 拉为低电平(ACK 位),在第 9 个 SCK 时钟的下降沿之后,释放 DATA(恢复高电平)。

4)测量时序(RH 和 T)

发布一组测量命令(“00000101”表示相对湿度 RH,“00000011”表示温度 T)后,控制器要等待测量结束。这个过程需要大约 11/55/210 ms,分别对应 8/12/14 bit 测量。确切的时间随内部晶振速度,最多有 ±15% 的变化。SHT×× 通过下拉 DATA 至低电平并进入空闲模式,表示测量的结束。控制器在再次触发 SCK 时钟前,必须等待这个“数据备妥”信号来读出数据。检测数据可以先被存储,这样控制器可以继续执行其他任务在需要时再读出数据。接着传输 2 个字节的测量数据和 1 个字节的 CRC 奇偶校验。uC 需要通过下拉 DATA 为低电平,以确认每个字节。所有的数据从 MSB 开始,右值有效(例如对于 12 bit 数据,从第 5 个 SCK 时钟起算作 MSB;而对于 8 bit 数据,首字节则无意义)。用 CRC 数据的确认位表明通信结束。如果不使用 CRC-8 校验,控制器可以在测量值 LSB 后,通过保持确认位 ack 高电平来中止通信。在测量和通信结束后,SHT×× 自动转入休眠模式。

5)通信复位时序

如果与 SHT×× 通信中断,下列信号时序可以复位串口:当 DATA 保持高电平时,触发 SCK 时钟 9 次或更多。在下一次指令前,发送一个“传输启动”时序。这些时序只复位串口,状态寄存器内容仍然保留。更多 SHT10 信息请参考相应文档。

6)光照强度采集

光照采集主要是通过用 CC2530 内部的 ADC 来得到 OURS-CC2530 开发板上的光照传感器输出电压(连接到 CC2530 的 AIN0)。

7)系统工作流程

系统工作流程如图 11-2 所示,操作基于如下假设。

(1)主机下传及从机上传数据最大不超过 20 个字节(加上 ID 等不超过 25 个字节),传输时间不超过 T_0(单位为 ms)。

(2)在 16 个从机进行竞争时,超时时间设定为 $T_1 = 30$ ms。

系统启动后(主机未与任意一个设备通信),主机将按如下进程操作。

(1)按群呼方式(16 个设备 1 组,共 32 组)呼叫从机,每次群呼时间控制在 30 ms,共需要 $30 \times 32 = 960$(ms)。

(2)群呼过程中,可能登录了若干个从机(记录在内存中,记为"M[N]",最多记录 100 个),对记录的从机进行单独的 1 对 1 操作,每个操作的时间大约为 10 ms,最大时间为 1 000 ms。并将其 ID 号从"M[N]"中转移到二级记录"K[N]"中。

(3)重复步骤(1)~(2)的过程。需要注意的是, 1 对 1 的从机操作数量最大为 100,可采用循环队列的方式进行操作。操作时将约定下一次操作的时间。操作时间可通过目前记录中从机的数量进行动态调整。

从机上电启动后,将进行如下操作。

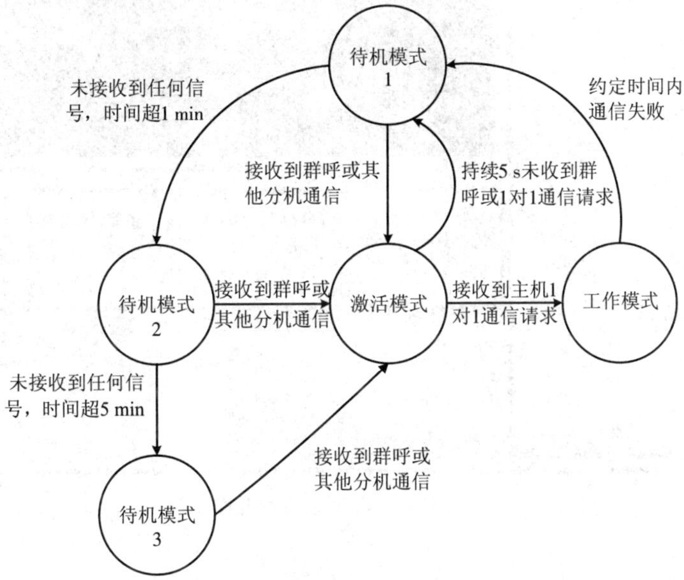

图 11-2　系统工作流程

待机模式 1:休眠 900 ms,工作(接收)100 ms。

待机模式 2:休眠 9.9 s,工作(接收)100 ms。

待机模式 3:休眠 29.9 s,工作(接收)100 ms。

激活模式:持续处于接收状态。

工作模式:休眠主机指定时间,活动主机指定时间(单位为 ms)。

4. 实验步骤

(1)打开应用程序。

(2)使用透传串口线连接 PC 的串口和网关的串口。

(3)在右侧区域 1,填入串口号,选择连接模式"网关模式"(图 11-3),点击连接。

(4)在左侧区域 2 列表中单击选中一个标签,在右侧区域 3 选择一个待显示的数据。

（5）相应标签的相关数据会在中部区域A中以图表形式画出，在区域B会显示选中标签的各传感器的值。

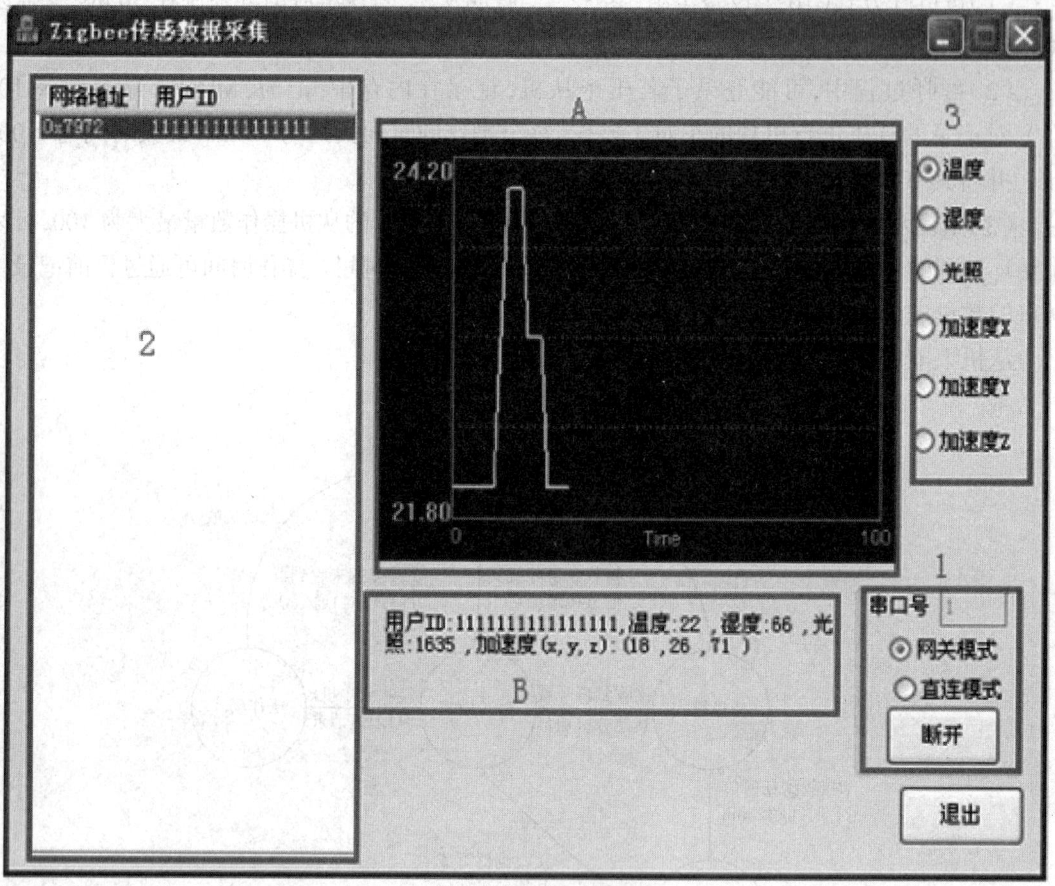

图 11-3　数据采集参照图

参考文献

[1] 黄玉兰. 物联网射频识别(RFID)核心技术详解 [M]. 北京:人民邮电出版社,2010.

[2] ISO/IEC JIC 1/SC 31. ISO/IEC 18000-6：2013 Information technology — Radio frequency identification for item management — Part 6：Parameters for air interface communications at 860 MHz to 960 MHz General[S/OL].2013-01[2018-06-05].http://www.iso.org/standard/59644.html.

[3] 王洪泊. 物联网射频识别技术 [M]. 北京:清华大学出版社,2013.

[4] 彭力,徐华. 无线射频识别技术与应用 [M]. 西安:西安电子科技大学出版社,2014.

[5] 高飞,薛艳明,王爱华. 物联网核心技术——RFID 原理与应用 [M]. 北京:人民邮电出版社,2010.

[6] 游战清, 李苏剑,张益强,等. 无线射频识别技术(RFID)理论与应用 [M]. 北京:电子工业出版社,2004.

[7] 林其水. RFID 标签天线的三种制作方法 [J]. 印制电路信息,2010(3):30-35.

[8] 许毅,陈建军. RFID 原理与应用 [M]. 北京:清华大学出版社,2013.

[9] 高建良,贺建飚. 物联网 RFID 原理与技术 [M]. 北京:电子工业出版社,2013.

[10] 朱雯瑾,廉清云. RFID 技术在内河船舶管理中的应用 [J]. 中国水运,2010,10(9):91-92.

[11] 黄健,孙伟,陈卓,等. 主动式 RFID 技术在内河船舶监控中的应用 [C]// 中国物流学会. 第六次中国物流学术年会论文集. 南京:中国物资出版社,2007:455-460.